湖泊生态清淤效益评估及保护对策研究

以水阳江南漪湖为例

唐文坚　刘洪鹄　张志华 等◎著

长江出版社
CHANGJIANG PRESS

前　言
Preface

　　我国湖泊保护与治理形势仍然严峻,湖泊水污染防治、水环境治理、水生态修复任务仍十分繁重。复苏湖泊生态环境,推动湖泊生态保护治理,维护湖泊生命健康,对全面提升湖泊水安全保障能力具有重要意义。南漪湖位于安徽省宣城市境内,属长江支流水阳江水系,是安徽省宣城市自然生态环境的核心元素,是"城湖一体化发展"的重要依托。

　　近年来,由于南漪湖逐年淤积,枯水位时局部水深不足 1.0m,2019 年常水位下湖泊容积为 2.18 亿 m³,比 20 世纪 80 年代减小了1.22 亿 m³;受人类活动和流域经济社会快速发展的影响,水沙携带氮、磷等养分物质及污染物进入南漪湖大幅增加,湖泊水体及底泥均受到污染;湖泊淤浅,风浪掀沙,底泥易起悬浮,湖水透明度下降,制约水生植物生长,造成湖区内水生植物种类减少,水体自净能力急剧下降。这些现象导致南漪湖水质出现超标现象。为此,实施南漪湖综合治理生态清淤工程,对于改善南漪湖生态环境和促进宣城市经济社会发展尤为迫切。

　　本书阐明了生态清淤工程在南漪湖湖泊容积增加、水体质量改善、生态环境提升等方面的重要作用,评估了清淤工程项目的综合效益,并简要提出了南漪湖生态环境保护对策。本书为全面推进南漪湖生态清淤工程提供科学依据,同时也为湖泊综合治理生态清淤工程保护治理提供技术参考。

　　唐文坚作为项目负责人,全面负责项目执行与协调工作,参与了第 1—2 章、第 7—8 章、第 10 章的编写,共计 5.9 万字,并负责全书的校稿;刘洪鹄作为技术负责人,负责项目技术方案制定及项目执行工作,参与了第 1—2 章、第 6—7 章的编写,共计 6 万字;张志华主笔编写了第 6—8 章,共计 5.8 万字,并负责全书的统稿;许辉主笔编写了第 2—3 章、第 5 章,共计 5.5 万字;蔡道明主笔编写了第 1 章、第 9 章,参与编写了第 6 章、第 8 章,共计 5.6 万字;崔豪主笔编写了第 4 章、第 10 章,参与编写了第 7 章,共计 3.2 万字。

　　本书特别感谢长江勘测规划设计研究有限责任公司、长江河湖建设有限公司、上海市政工程设计研究总院(集团)有限公司、生态环境部长江流域生态环境监督管理局上海生态环境科学研究中心提供相关数据资料,感谢宣城市交投南漪湖清淤工程有限公司"南漪湖综合治理生态清淤试验工程中期评估"和广德市凤凰山水库投资开发有限公司"安徽省广德市凤凰山水库选取创建国家水土保持示范工程"等科技项目的资助。

　　本书只涉及南漪湖综合治理清淤试验工程,关于湖泊生态清淤技术及其效益的很多问题需要进一步深入探讨。例如,考虑精细化施工工艺的湖泊深层疏浚厚度控制,湖泊深层疏浚层上覆底泥夹层快速沉降,长期积累下湖泊清淤与污染物耦合关系,湖泊清淤施工期水生动植物恢复对策与实施等。愿本书能为今后湖泊生态清淤的继续研究起到抛砖引玉的作用,为湖泊保护治理与区域社会经济的和谐友好发展提供科学指引。另外,由于作者水平和时间有限,书中疏漏和不足之处在所难免,恳请专家、同行和广大读者批评指正。

作　者

2024 年 11 月于武汉

目 录

Contents

第 1 章　绪　论

1.1　研究意义

　　湖泊是淡水资源的重要组成部分之一,具有调节水利、灌溉农田、养殖水产、发展旅游和沟通航运等功能,良好的湖泊生态环境对当地居民的劳动生活有着多方面的积极影响(高子涵,2016)。我国湖泊众多,大多数淡水湖泊位于长江中下游地区,其中包括我国五大淡水湖泊(鄱阳湖、洞庭湖、太湖、洪泽湖和巢湖)。然而,随着经济的快速发展和城市化进程的不断推进,大量污染物被排入湖中,湖泊生态环境污染问题日益凸显。根据《2023 年中国生态环境状况公报》,开展水质监测的 209 个重要湖泊(水库)中,Ⅰ~Ⅲ类水质湖泊(水库)占 74.6%,劣Ⅴ类水质湖泊(水库)占 4.8%;开展营养状态监测的 205 个重要湖泊(水库)中,中营养状态湖泊(水库)占 64.6%,轻度、中度富营养状态湖泊(水库)分别占 23.4% 和 3.9%。这说明我国湖泊(水库)水质及富营养状态情况依然严峻。

　　底泥是湖泊生态系统的重要组成部分,是入湖污染物的主要蓄积场所。在湖泊环境演变过程中,来自流域的随河道或大气入湖的大部分无机物和有机物,以及湖体内水生生物的排泄物和死亡残体等,经过絮凝、沉降等过程,不断沉积到湖泊底部,形成新的湖泊底泥(彭俊杰等,2004;范荣桂等,2010)。此外,底泥分布及其性质与水生植物、底栖生物的分布生长和种群组成有着密切联系。随着湖泊底泥的不断淤积,湖泊容积逐年下降,水质富营养化程度增大。湖泊富营养化将造成水体黑臭或者蓝藻暴发,严重影响饮用水质量及周边地区居民生活和旅游效应(贾璐颖,2014)。蓝藻暴发导致水体透明度下降(金相灿等,1990;沈治蕊等,1997),抑制其他浮游生物和水生动植物生长,破坏湖泊生物多样性。同时,鱼虾等水产品也会因缺氧而大量死亡,严重影响养殖业经济效益(马斌,2006)。再者,微囊藻(*Microcystis*)是富营养化淡水湖泊中水华暴发的优势种群,会产生次生代谢产物——藻毒素。藻毒素不仅危害鱼虾等水生动物,而且会对人类健康造成严重威胁(Carmichael,1992)。

　　湖泊生态清淤是用人工或机械方法将富含营养盐、有毒化学品及毒素细菌的湖底沉积物进行适当去除,减少底泥内源负荷和污染风险,以恢复湖泊水质和水生态系统稳定性,是治理富营养化较为严重的湖泊效果明显的重要途径之一(钟继承和范成新,2007;李红静等,2023)。为改善城市水体质量和提高人居环境,国家和地方已将底泥环保清淤作为我国湖泊环境治理中常用的措施之一(Barrio-Froján 等,2011)。生态清淤不仅能够有效控制湖泊水体透明度、化学需氧量、氨氮、总氮、总磷和叶绿素 a 含量等指标(王小雨,2004;樊尊荣等,2020),而且在削减底泥有机污染物、总氮、总磷、重金属等方面具有显著作用(Chen 等,2019;Sun 等,2019;刘鹏等,2024)。同时,生态清淤可进一步增加湖泊容积,提高湖泊水环境容量(Boyd 等,2003;Chen 等,2019;石稳民等,2019)。因此,湖泊生态清淤工程对改善湖泊生态环境、提升湖泊水质、提高湖泊水环境容量、提升湖泊整体功能等具有重要意义。

1.2 研究进展概述

1.2.1 湖泊富营养化成因

湖泊富营养化受自然因素和人为因素的双重影响。在自然因素方面,富营养化实际上是一种水体自然老化现象,在天然生态环境中普遍存在。随着地表径流的汇集,夹带的冲积物和水生动植物残骸会在河流或湖泊底部不断沉降淤积,进而演变为沼泽或者陆地(范荣桂等,2010)。然而,在不涉及人为因素的情况下,天然水体具备充分的自净能力,能保持其生态、物质和能量平衡,因此由自然因素导致的湖泊富营养化演变过程往往长达几千年甚至上万年。

在人为因素方面,流域内工业化、城市化和农业现代化(大量的化肥使用)快速发展,用水量和废污水排放量相应增加,是湖泊富营养化的根本原因。入湖的养分物质经过长期沉积,导致湖泊底泥中含有大量的营养物质,使得严重的内源污染成为治理湖泊富营养化的重要瓶颈(秦伯强,2007)。同时,湖泊资源过度开发,如修堤筑坝、围湖填地和水产养殖等,切断湖泊与周围环境联系,破坏湖岸滩地、湖滨湿地等生态系统,阻断湖泊营养盐输出途径,大量营养盐被排放到自然水体中,超出了其本身所具备的自净能力,使得营养盐输入高于输出,进而导致生态系统发生紊乱并形成环境灾害(彭俊杰等,2004)。研究表明,氮、磷等污染物的过量排放是导致水体富营养化的关键因素,湖泊富营养化会影响生态系统中营养元素的生物地球化学循环过程,即使切断外界营养物质的来源,水体也很难自净和恢复到正常状态(朱蕾,2009)。

1.2.2 湖泊富营养化治理技术

湖泊富营养化通常根据湖泊具体地理特性、污染状况和投资效益采取不同措施进行治理,治理技术可以归纳为外源污染控制、内源污染控制和湖泊流域生态系统恢复等。

(1)外源污染控制

湖泊富营养化主要是由水体中富集大量外界输入的无机物造成的,切实控制外源性营养物质的输入,是湖泊恢复健康的关键措施(秦伯强,2002;梁鸣,2007;毛旭峰等,2015)。

1)点源污染控制

点源是指有一定产生范围和位置并有固定排放点的营养源,其特点是营养物质排放地点固定,所排放营养物质的种类、特征、浓度和排放时间相对稳定(任友昌等,2009)。排入湖泊的氮、磷等无机物主要来自生活污水和工业废水等(董文龙等,2014)。点源污染可以进行集中处理,采用合理有效的废水脱氮除磷工艺使废水排放达标,从根本上控制污染源;或者采用截污工程(Van Duin 和 Finking,1998),截断氮、磷等营养物质向湖泊排放。从政策层面讲,近年来国家加大管理力度,制定一系列严格的法律法规,加大科技力量的投入,建设城市污水处理系统,完善废水脱氮除磷工艺,加大环保教育普及力度,提高了公民环保意识,减少了工业废水未经处理直接向湖泊排放(宋淑贞,2021)。

2)面源污染控制

面源污染也称非点源污染。根据不同的入湖途径,湖泊面源污染可划分为直接入湖面源和由流域地表径流间接入湖面源两大类,具体包括由降水和地面沉降、地下水营养物质侵蚀、水土流失等造成的污染。面源营养物质的性质和负荷受气候、下垫面及人类生产生活方式等多种因素影响,具有强烈的区域性、时空上的不连续性和不稳定性、较强的随机性等特点,因此湖泊面源污染控制较为复杂。

湖泊面源污染控制重点放在农业生产方式调整和湖泊流域生态环境改善两个方面。一是农业生产方式调整方面,主要措施包括退耕还林还草、休耕或轮耕、施肥管理、土地科学利用等(任友昌等,2009),力求改进施肥方式和灌溉制度,提高土地对氮肥、磷肥的利用率,既要提高经济效益,又要减少肥料流失,从而减少地表径流形成过程中直接排入水体的氮、磷等营养物质。此外,调整和优化农村产业结构,积极引进高科技成果,大力发展绿色、生态农业(董文龙等,2014),也是农业面源污染控制的有效途径之一。二是湖泊流域生态环境改善方面,主要措施包括湖泊流域植被恢复、人工湿地建设和湖滨带生态恢复,加强湖泊流域生态环境改善,严格控制湖滨带休闲娱乐场所和湖鲜馆的数量与规模,规范渔业养殖及捕捞等(董文龙等,2014)。

(2)内源污染控制

湖泊内营养源是指已污染底泥、湖内养殖、旅游及船舶造成的污染等。控制内源性营养物质负荷通常是指控制底泥中富集的磷向水体释放,以及减少水体中氮、磷浓度。控制内源性营养物质措施较为广泛,主要包括物理方法、化学方法和生物性方法。

1)物理方法

物理方法主要是指工程性措施,包括底泥疏浚、深水曝气、注水冲稀、底泥覆盖等方法。

底泥疏浚不同于一般工程疏浚。一般工程疏浚以清淤为目的,而底泥疏浚的目的在于清除水体底部含高营养盐的表层沉积物,包括沉积在淤泥表层的悬浮絮状胶体和半悬浮絮状胶体,或休眠状活体藻类及动植物残骸等,属于水生态环境工程范畴。一般认为在外源污染物质得到有效控制后,底泥是造成湖泊继续富营养化的主要污染源。而底泥疏浚正是消除这一污染最为有效的治理措施之一。国内常采用此措施治理湖泊富营养化问题,比如云南滇池、杭州西湖、南京玄武湖等的治理(任友昌等,2009)。然而,底泥疏浚不仅工程量大、技术难度大、费用高,而且会破坏湖泊生态系统的结构功能和生长环境,降低湖泊的水体自净功能。此外,挖掘出的底泥中还含有大量重金属、难降解有机物和持久性有毒污染物,如处理不当极易造成二次污染,进而导致不可估量的环境风险(王化可等,2006;董文龙等,2014)。

深水曝气通过机械设备搅拌、注入纯氧或注入空气来增加深层水体中的溶解氧含量,使水与底泥界面之间保持好氧状态,有利于抑制底泥中氮、磷的释放。深水曝气的目的主要包括在不改变水体分层的状态下提高溶解氧的浓度,改善冷水鱼类的生长环境和增加食物的供给,通过改变底泥界面厌氧环境为好氧条件来降低内源性磷的释放。谌建宇等(2008)探讨了河道曝气复氧对云南滇池重污染支流底泥污染物迁移转化的影响,研究发现曝气复氧对上覆水体中总氮、总磷浓度的影响相似,总氮、总磷浓度在曝气处理条件下呈下降趋势,而在不曝气的对照处理条件下呈持续上升趋势。

注水冲稀包括稀释和冲洗两个方面。其将含氮、磷浓度低的水注入湖泊,以起到稀释营养物质浓度和冲出湖泊水体中生物的目的。我国杭州西湖、云南滇池内海以及南京玄武湖均采用过注水冲稀措施,其优点是可以在冲稀后的一段时间内明显改善湖泊的水质状况。

底泥覆盖指引入一种物理屏障,用砂子、卵石和黏土等物质覆盖湖底淤泥。覆盖物形成阻隔带以阻止淤泥中的营养物质向湖泊水体释放营养盐,同时,覆盖物本身对底泥中的营养物质具有吸附作用。覆盖物形成的阻隔带及覆盖物自身对底泥中营养物质的吸附,均可以起到抑制底泥中营养物质释放的作用。影响底泥营养物质释放的因素包括覆盖物的种类、厚度等。然而,底泥覆盖会破坏湖泊生态系统的生长环境,也不能解决湖底表层新富营养层中氮、磷等营养元素的释放。

2)化学方法

化学方法主要是指引入铁盐、铝盐或钙盐,通过其与水中的磷酸盐结合形成沉淀沉入湖底,起到净化水质目的的方法(Akcil 等,2015)。常用药剂包括氯化铁、改性黏土和铝盐等。化学方法最大的缺点是引入了新的化合物,而且该方法试剂消耗量大、运行费用高,产生大量无用且易造成二次污染的化学污泥。因此,在湖泊水环境大规模控磷的情况下,化学方法很难满足实际应用需要(张强等,2022)。

化学除藻法是指利用化学药剂对藻类进行杀除。常用的化学除藻剂有硫酸铜、氯、二氧化氯、臭氧和高锰酸钾等。该方法的特点是操作方便,工艺简单,效果明显,但投加化学药剂存在对环境的二次污染。

3)生物性方法

生物性方法是指利用生物的新陈代谢作用以吸收水中的氮、磷等营养物质,使水质得以改善的方法。该方法的特点是投资费用少,有益于建立合理的水生生物生态循环。常采用的技术包括种植高等水生植物、放养鱼类、投放微型浮游动物、投加细菌微生物等(Van Duin 和 Finking,1998)。

近年来,生物性方法在湖泊富营养化水体修复中应用较为广泛,主要是利用水生植物,尤其是维管束植物和高等藻类来净化和改善水质。水生植物能够吸收水体和沉积物中的营养盐,降解有机污染物,富集重金属,抑制底泥污染物的再释放和浮游植物的生长,改善湖泊生态环境。常用的水生植物包括芦苇、菱角、凤眼莲、满江红、水花生和水葫芦等。采用水生植物方法时必须及时收割多余的水生植物,以控制水生植物可能对湖泊生态环境产生的影响。收割的水生植物可以用作动物饲料或者鱼食料。

为防止水生植物腐烂对湖水水质的影响,常通过结合浮床、沉床、人工湿地等技术,利用水生植物来修复富营养化湖泊水体。浮床技术通过人工把高等水生植物或改良陆生植物种植到富营养化水面上,营造水上景观,利用植物及其附着微生物的作用净化水质(唐林森等,2008)。卢进登等(2005)认为美人蕉、水薤菜、牛筋草、香蒲、芦苇、荻、水稻等 7 种植物作为浮床栽培植物能对富营养化湖泊的生态恢复起到积极作用。沉床技术将沉水植物种植在有基质材料的沉床载体上,通过固定桩将沉床固定在水体中,利用沉水植物吸收水体中的氮、磷等营养物质,对富营养化水体进行净化。沉水植物是湖泊生态系统的重要组成部分,是水和底泥两大营养库之间的有机结合部,其占优势时,水体清澈、生物多样性高,可以有效降低水体的污染负荷。人工湿地是一种人为将石、砂、土壤、煤渣等一种或几种介质按一定比例构成的基质,并有选择性地植入污水处理生态系统,其基本构成是介质、植物和微生物,主要利用土地、植物、微生物的协同作用沉淀、吸附、降解污染物,从而达到净化水质的目的(毛旭峰等,2015)。

1.2.3 湖泊生态清淤特点及技术

(1)生态清淤特点

生态清淤不同于通常的疏浚,主要体现在以下 5 个方面:①生态清淤的对象是沉积于湖底(河底)的富营养物质,包括高营养含量的软状沉积物(淤泥)和半悬浮絮状物(藻类残骸等)。生态清淤以通过生态修复,最大限度地清除底泥污染物、改善水体质量为目的。②生态清淤过程中需避免机械部件物理扰动引起的污泥扩散。③生态清淤过程中要保护下层底泥不被破坏,以利于水生生物种群的恢复和重建。④生态清淤过程中要做好淤泥和余水的妥善处置。⑤在生态清淤的基础上,需通过环境治理、生态工程及环境管理等措施,以修复和维护生态系统为出发点,保持湖泊的可持续发展(张晴波,2007;石稳民等,2019;金相灿等,2013;杨春懿等,2022;冉光兴和陈琴,2010)。

湖泊底泥是湖泊营养盐的重要蓄积库,构成湖泊严重的内源营养负荷;生态清淤可以在一定程度上去除湖泊表层沉积物中的污染物,是治理湖泊富营养化的常用方法,但是不同的疏浚方式、疏浚深度和疏浚时令对生态疏浚效果的影响迥异。研究发现,底泥疏浚在短时间内对营养盐有较好的控制和去除作用,但长期观察发现,某些营养元素的恢复效果并不佳(Webster-Stratton 等,1989),而且不合理的疏浚方式会导致疏浚过程中底泥物质再悬浮和污染物的大量释放,引起水体营养物质和某些重金属元素含量在短时间内急剧升高(钟继承和范成新,2007;Bowman 等,2003;王栋等,2005),对水生生物群落结构产生不可逆的毒害。例如,英国布赖顿港口不合理的底泥疏浚方式使得疏浚后沉积物再悬浮和污染物大量释放,导致疏浚后水体中的除草剂浓度比疏浚前升高(Bowman 等,2003);太湖五里湖疏浚深度小于疏浚区重金属赋存深度,使得下层重金属含量更高的底泥暴露,导致底泥疏浚后新生表层中重金属元素含量急剧上升(钟继承和范成新,2007;王栋等,2005);美国新贝德福德海采用先进的疏浚方式有效地避免了沉积物再悬浮,减小了疏浚过程中的污染物释放风险和生态毒理风险(Bowman 等,2003);

(2)生态清淤技术基本要求

先进的清淤技术和装备直接关系到清淤效果。为了较大程度地清除污染底泥,同时尽量不扰动未污染的底泥,不破坏水生动植物的生境条件,生态清淤技术需要遵循以下基本要求(张建华,2011;陈永喜等,2017)。

1）精确清淤

针对污染物分布和层位，精确清除表层污染淤泥是生态清淤的重要特点和要求。为此，清淤技术及装备对底泥的扰动程度、清淤深度及精度控制等对实现精确清淤十分关键（Ding 等，2015）。现有交通运输部颁发的《疏浚工程技术规范》（JTJ 319—99）中，将航道疏浚深度规定在 0.3~0.8m；生态清淤工程挖深一般不超过 50cm。同时对清淤精度要求更高，虽然目前尚没有相应的技术规范，但在实践中通常将清淤精度控制在 5cm 以内，将平面定位精度控制在 20cm 以内。

2）细颗粒流泥清除

污染物质的附着状态研究表明，较细的颗粒和表层流泥吸附的污染物质较多。例如，太湖、巢湖、东钱湖等底泥检测表明，底泥污染物主要集中在颗粒极细小、含水量较高的表层污泥，因此生态清淤需要确保该类底泥尽可能清除。

3）低扰动清淤

疏浚对周边环境的影响一直是社会关注的热点。特别是在生态清淤中，表层污染淤泥是作业对象，如果疏浚过程中污染扩散，必然会对清淤区及周边水域产生负面影响，严重时会造成原有生态环境质量下降。因此清淤技术和设备的防扩散性能要满足低扰动要求。根据太湖生态清淤工程实践，防扩散要求一般应控制在 10m 以内。

（3）生态清淤常用技术

生态清淤主要清除湖泊底泥表面的污染层和部分过渡层的沉积物，而清淤深度和扰动程度直接与经济投入有关，还会影响后续的生态恢复。若疏浚过深或者过于激烈，不仅会造成污染物扩散至上覆水体，而且会破坏性地改变湖底形态，进而增加重建底栖生态系统的难度。因此，在充分调研湖泊底泥特性的基础上，研发低扰动的薄层清淤技术尤为关键。目前常用的清淤技术主要包括绞吸式、气力泵、耙吸式、水力冲挖式等（王鸿涌，2010；颜昌宙等，2004；游浩荣，2016）。

1）绞吸式清淤

利用安装在清淤船桥梁前缘的绞刀搅动、切割湖泊或河道底泥，使其分散形成泥浆；然后借助离心泵产生的吸力将泥浆通过吸泥管进行收集。绞吸式清淤适用于污泥厚度较大的湖泊或者河道。当水体宽度和深度允许时，绞吸式清淤是目前我国环保疏浚的主要方式。

2）气力泵清淤

以压缩空气为动力，主要组成为泵体、压缩空气分配器、空气压缩机。工作时泵筒浸没于泥浆中，在泵筒内部真空负压和四周静水压力的双重作用下，淤泥进入泵筒，在压缩空气的推动下进入排泥管，最终输送至运泥船或集泥池。气力泵清淤具有机械磨损小、维修方便、排泥浓度高、造价运行费用低等特点,适用于水深较大的水域。

3)耙吸式清淤

利用耙管和耙头将底泥像犁地一样切削和破碎,通过吸泥泵将泥水混合液输送至泥舱。在泥舱中底泥沉淀,水溢流排出。耙吸式清淤可以在水下疏浚硬土和软土,适用于港口、航道等水域。

4)水力冲挖式清淤

针对水量不大的河道,其工作原理主要是模拟自然界水流冲刷过程。清淤时首先对河道进行截流,然后将积水排干,借助高压水泵产生的高压水柱破碎底泥,最后由泥浆泵和输泥管吸送。水力冲挖式清淤的优点在于底泥挖掘和输送一次性完成,清淤效率高,操作简便。

1.2.4 湖泊生态清淤生态效应

国外生态清淤主要应用于河口、港湾,主要目的是去除河流、港湾重金属及多氯联苯(PCBs)等持久性有机污染物(Joshua 等,2000;Layglon 等,2020)。在底泥清淤对水质的影响方面,国外较多学者聚焦底泥清淤后的再悬浮现象(De Jonge 等,1995)。例如,Does 等(1992)对比分析了荷兰"绿色心脏"地区同时采取削减外源负荷污染和底泥疏浚措施的 Geeplas 湖及只采取外源截污而没有采取疏浚措施的 Nieuwkoop 湖,发现两个湖泊水体内的总磷削减效果基本相同;高桥和成行(2001)研究发现日本佐鸣湖疏浚后湖泊水体总磷含量降低,但化学需氧量未出现明显变化;Falcao 等(2003)研究了葡萄牙南部沿海水域疏浚前后底泥和上覆水的物理和化学变化;Cabrita(2014)分析了葡萄牙塔霍河河口底泥疏浚后浮游植物群落指标变化情况。在底泥清淤对生物的影响方面,底泥清淤效果多聚焦底泥清淤对底栖大型无脊椎动物的影响。例如,Jenkins 和 Brand(2001)、Maguire 等(2002)研究了底泥清淤对贝类等底栖动物的胁迫和影响;Boyd 等(2003)对英格兰东南部海岸底泥清淤进行研究,发现清淤完工 4 年后底栖动物仍受到干扰,清淤显著影响底栖动物的多样性和密度(Lewis 等,2001;Bettoso 等,2020)。

生态清淤是国内近 10 年来新兴的控制湖泊富营养化的一种工程性措施,相关学者主要从水质、底泥污染物、水生动植物等方面展开生态清淤对湖泊影响的研究(Jing 等,2019)。

(1)生态清淤对湖泊水质的影响效应

生态清淤工程施工会搅动湖泊底泥,致使短期内湖泊水质浑浊,底泥中总氮、总磷、重金属等污染物得到短期快速释放。待施工扰动停止后,湖泊水体逐渐清澈。濮培民等(2000)从水质变化方面开展了南京玄武湖清淤后底泥释放试验,结果表明,在清淤后短时段内,清淤工程可以一定程度地降低营养盐溶液向水体释放的速率,但数月后底泥释放量将逐渐恢复甚至超过原来的水平,或达到与新的水质相平衡的释放量。王小雨(2004)对长春南海的底泥清淤效果进行了分析,结果表明,清淤后南湖水质溶解氧和重铬酸盐指数增加,总氮、氨氮、总磷和五日生化需氧量比清淤前有所降低。Chen 等(2018)通过长达 6 年的实地观测,发现底泥清淤能够成功控制湖泊水体内部磷负荷。樊尊荣等(2020)研究发现,清淤后湖泊水体透明度、化学需氧量、氨氮、总氮、总磷和叶绿素 a 含量等指标均有明显好转,水体中固体悬浮物浓度明显降低。刘鹏等(2024)研究发现,上覆水体总氮、总磷和固体悬浮物浓度在底泥清淤施工停止0.5h 后显著下降,硝态氮、氨态氮和磷酸盐浓度总体波动不大,重金属浓度均低于Ⅲ类标准值。

(2)生态清淤对湖泊底泥污染的影响效应

张梦玲(2016)对彩云湖水库采取的管网系统完善、补水工程恢复和强化、城市径流污染物削减工程、底泥清淤工程、湖湾生态工程、活水复氧工程、水华应急处置工程等工程措施的生态效益进行了对比分析。研究表明,底泥清淤工程对化学需氧量、总氮、总磷的去除率最高,在所有措施中对污染物削减贡献度最大(Sun 等,2019),是彩云湖水环境综合治理中最重要的工程措施。樊尊荣等(2020)针对无锡市区及宜兴太湖近岸水域发生多起水体异常现象,运用《河湖生态疏浚工程施工技术规范》(DB 32/T 3258—2017)对竺山湖清淤工程生态效益进行分析、评价和验证,得出底泥清淤对有机污染物和磷的内源输入产生了较明显的抑制作用的结论。刘鹏等(2024)通过现场采样和模拟实验相结合的方式分析了生态清淤对长荡湖底泥污染的影响,发现环保型绞吸船通过绞吸头的低速旋转将表层底泥剥离,下层底泥与上覆水体形成新的水土界面,清淤后表层底泥中总氮、总磷、有机质和镉等污染物含量显著降低(Chen 等,2019),0~20cm 表层底泥中上述 4 种污染物的去除率分别为 70%、73%、72%和 85%。

(3)生态清淤对湖泊水生动植物的影响效应

底泥清淤不仅会改变营养盐的循环模式,还会改变水生态系统的平衡稳定性。底泥是底栖动物的直接栖息地,清淤导致沉积物的物理性质和化学性质发生变化,进而影响底栖动物的生长和繁殖,引起底栖生物种群更替及群落改变(Aldridge,2000;王凯等,2023)。不同的环境群落结构恢复需要的时间不同,底泥清淤对底栖动物的短期影响表现为种类、丰度及生物量的减小,长期效应表现为底栖动物群落的重建,清淤后短时间内机会种的出现,以及长时间后群落结构的恢复(Kenny 和 Rees,1996;

Kaiser 等,1996;Van Dalfsen 等,2000;Coates 等,2015);浮游动物群落结构表现为大型浮游动物种类的增多和密度的减少(陈光荣等,2009;丁瑞睿等,2019);一些城市湖泊疏浚后藻类优势种发生了明显改变(Ruley 和 Rusch,2002;Liu 等,2015)。

1.2.5 水生植物措施净化水质效果

相较于清淤疏浚等机械物理措施,以恢复水生植被为主的生态修复技术措施对于治理湖泊富营养化更为关键。水生植物在很大程度上能够控制内源营养物质和重金属物质,抑制藻类生长,同时减弱底泥营养盐的再释放(濮培民等,2000;Wang 等,2014;景湘丞,2023),在改善水质的基础上,能够很大程度地控制水体富营养化。陈小运等(2020)利用静态水培方法研究菖蒲、美人蕉、大薸、凤眼莲、金鱼藻、穗状狐尾藻等 6 种水生植物净化污水总磷的效果,发现高浓度磷水体中金鱼藻+菖蒲+凤眼莲的水生植物组合对水体中总磷去除效果最好。凤眼莲对重金属具有很强的吸附能力(李宝林,1994)。狐尾藻、苦草、轮叶黑藻等 3 种沉水植物对上覆水颗粒态磷、溶解性正磷酸盐、总氮、氨氮都有良好的修复效果,均能显著提高水体溶解氧含量和酸碱度(pH)(景湘丞,2023);吸收氮、磷量由大到小依次为大薸、空心莲子草、凤眼莲,凤眼莲对总氮、总磷的净化效果均显著优于大薸及空心莲子草(杜兴华等,2015);水浮莲对水体中浮游藻类和叶绿素 a 含量的去除率优于凤眼莲,凤眼莲对水体总氮的去除率及其叶片净光合速率和叶绿素 a 含量均显著高于水浮莲(秦红杰等,2016);王海英(2014)利用水生植物净化富营养化水体试验发现不同类型水生植物综合净化能力由强到弱依次为沉水植物、浮水植物、挺水植物。

第 2 章　南漪湖概况

2.1　流域气象水文概况

2.1.1　流域概况

　　南漪湖位于安徽省宣城市境内,属水阳江水系,系新构造断陷洼地经泥沙长期封淤积水而成的滞积湖,是水阳江中游最大的调蓄洪区。流域跨宣城市宣州区、郎溪县和广德市,流域面积约 3800km^2。入湖的主要河流有郎川河、新郎川河、双桥河、飞鲤新河、沙河、长溪河等。湖水经北山河向西,于新河庄泄入水阳江。南漪湖湖面形状近似桑叶,东西长 19km,最大宽度 14km。全湖以南姥咀、许家咀连线为界,可分为东湖区、西湖区。南漪湖流域内水系与对应行政区见表 2.1-1,南漪湖流域水系见图 2.1-1。

表 2.1-1　　　　　　　　　　　　南漪湖流域内水系与对应行政区

编号	水系	县(市、区)	镇(乡、街道)
1	无量溪河	广德市	卢村乡、东亭乡、桃州镇、邱村镇、新杭镇
2	桐汭河	广德市	杨滩乡、四合乡、柏垫镇、誓节镇
3	郎川河	郎溪县	涛城镇、建平镇、凌笪镇、新发镇
4	新郎川河	郎溪县	建平镇、飞鲤镇
5	飞鲤新河	郎溪县	飞鲤镇、十字镇
6	长溪河	郎溪县	姚村乡、十字镇、毕桥镇
7	沙河	宣州区	洪林镇
8	双桥河	宣州区	孙埠镇、双桥街道、五星乡、朱桥乡、沈村镇
9	北山河	宣州区	朱桥乡、养贤乡、狸桥镇

2.1.2　气象

　　南漪湖流域属中亚热带湿润季风气候区,气候温和,雨量丰沛,季风明显。南漪湖受季风气候的影响,冷暖气团交锋频繁,天气多变,降水年际变化大,年内梅雨显著,夏雨集中,常有灾害气候发生。流域多年平均气温为 15.9℃。其中,1 月最低,月平均气温为 3～4℃;7 月最高,月平均气温为 28～29℃。南部山区气温随高度的增加而递减;流域年蒸发量在 700～1000mm;流域年均无霜期为 240d 左右,起于 3 月中旬,止于 11 月中旬;年均风速为 1.3～3.3m/s。

图 2.1-1 南漪湖流域水系

根据郎溪气象站 1952—2019 年共 66 年(其中 1958、1959 年缺测)观测资料,南漪湖流域多年平均年降水量为 1232mm,最大年降水量为 2356.3mm(2016 年),最小年降水量为 695.0mm(1978 年),极值比为 3.39。多年平均年降水日数为 133d,最多年降水日数为 166d(1954 年),最少年降水日数为 100d(1978 年);一年中春季降水日数最多(42d),占年降雨日数的 30.7%,夏季次之(36d),冬季最少。

2.1.3　水文

南漪湖流域水文记录始于 1934 年,在郎溪县东门埭设立水位站,仅观测水位。中华人民共和国成立后,在南漪湖流域增设了大量的水文、水位和雨量站,目前整个流域水文、水位和雨量站已达 20 多个,基本可以控制整个流域水情资料,且水文测验、整编均按有关规程、规范执行,资料精度可满足工程设计需要。流域主要水文站网分布见图 2.1-1,主要测站基本情况及资料见表 2.1-2。

表 2.1-2　　　　　　　　　　　主要测站基本情况及资料

站名	站别	设站时间	集水面积/km²	观测地点	资料系列
合溪口	水文站	1957 年 5 月	2030	郎溪县涛城镇	流量:1957—1967 年
白茅岭	水文站	1967 年 4 月	1059	郎溪县白茅岭	流量:1967—2009 年
杨山岭	水文站	1971 年 12 月	848	广德市杨杆镇	流量:1972—1987 年
誓节渡	水文站	1987 年 5 月	678	广德市誓节桥	流量:1987 年至今
栗园	水位站	1974 年 3 月	909	郎溪县南丰乡	水位:1974—1986 年
郎溪	水文站	1951 年 5 月	2209	郎溪县东门埭	雨量:1951 年至今 水位:1951 年至今
百车口	水位站	1970 年 6 月		郎溪县东夏镇	水位:1971—2009 年
南姥咀	水位站	1953 年 12 月		宣州市南湖乡	水位:1954 年至今

1)合溪口水文站

合溪口水文站位于郎溪县涛城镇合溪村慈善庙,距无量溪河与桐汭河交汇处下游 450m 的老郎川河上(桐汭河未改道前),距上游连接河东端山下铺约 6km,设立于1957 年 5 月,控制流域面积 2030km²。观测项目包括降水、蒸发、水位、流量、泥沙等。因测站断面控制条件不好,且需要开挖新郎川河分洪工程,于 1967 年 4 月上迁8.2km 至无量溪河下游郎溪县和广德市交界处的白茅岭。

2)白茅岭水文站

本站于 1967 年 4 月 10 日由合溪口站上迁至无量溪河,改名为白茅岭水文站,为无量溪河的控制站,距下游老郎川河进口山下铺约 1km,控制流域面积 1059km²。本站本由原水利电力部安徽省水利厅水文总站负责管理;1969 年改由安徽省芜湖地区水利电力局负责管理;1980 年改由安徽省水利厅水文总站负责管理。观测项目包括水位、流量、泥沙等,其中,1997 年以后泥沙观测项目因上游采砂严重而停测。2010年,本站撤销。

白茅岭水文站基本水尺为直立式搪瓷水尺,水位观测采用日记型自记水位计。

测验河段顺直,特大洪水时右岸漫滩,下游500m处有公路桥一座,对测验无影响。河床由粗沙组成,不稳定,无水生植物,左岸坡有坍塌现象。历年流量整编采用连时序法。本站高程系统为冻结基面(黄海基面以上米数＝冻结吴淞基面以上米数－1.940)。

3)杨山岭水文站

杨山岭水文站为桐汭河控制站,位于广德市杨杆镇,下距连接河西端栗园口约9km,控制流域面积848km²。本站于1971年12月由原芜湖地区水利电力局设立,1980年改由安徽省水利厅水文总站负责管理,1987年6月1日上迁8km至广德市誓节渡。观测项目有水位、流量。

4)誓节渡水文站

誓节渡水文站于1967年由安徽省芜湖地区水利电力局设立为水位站,1971年12月撤销。1987年6月由安徽省水利厅水文总站将下游杨山岭水文站上迁,观测项目包括水位、流量、泥沙等。

誓节渡水文站基本水尺为直立式搪瓷水尺,测验河段较顺直,河床由粗沙和小卵石组成,较稳定。断面左岸为深潭,水位在24.0m以下有死水;右岸为渐变滩。河道宽约100m,中高水控制很好,特大洪水时(水位在27.5m以上),上游500m以外破堤决口、洪水溢出河道。上游80m处有钢筋混凝土大桥一座,下游200m处河道分汊。历年流量整编采用连时序法。本站水准点采用冻结基面(黄海基面以上米数＝冻结吴淞基面以上米数－1.927)。

5)栗园水位站

栗园水位站于1974年3月由安徽省芜湖地区水利电力局设立,系郎川河改道工程专用水位站,位于桐汭河和连接河汇合口下游100m处。1980年1月改由安徽省水利厅水文总站负责管理,1987年1月撤销。栗园站基本水尺为直立式搪瓷水尺,测验河段系人工河道,较顺直。

2.1.4 径流

由于汇水区域内降水不均匀,径流年际变化及年内分配极不均匀。区域内各主要控制站年径流特征见表2.1-3,白茅岭站和杨山岭站各月径流量分配见表2.1-4。南漪湖流域多年平均径流深约660mm,白茅岭站和杨山岭站多年平均径流量分别为6.1亿m³和5.9亿m³。

表 2.1-3　　　　　　　　　区域内各主要控制站年径流特征

项目	白茅岭	杨山岭
所在河流	无量溪河	桐汭河
集水面积/km²	1059	848
多年平均流量/(m³/s)	19.81	17.53
多年平均径流量/亿 m³	6.1	5.9
多年平均径流深/mm	589	712
实测年最大年径流量/亿 m³	14.3(1999 年)	10.5(1983 年)
实测年最小年径流量/亿 m³	1.7(1978 年)	1.2(1997 年)
极值比	8.40	8.75

表 2.1-4　　　　　　　　　白茅岭站和杨山岭站各月径流量分配

站名	月径流量/亿 m³											
	1 月	2 月	3 月	4 月	5 月	6 月	7 月	8 月	9 月	10 月	11 月	12 月
白茅岭	0.2	0.4	0.7	0.7	0.9	0.9	0.8	0.4	0.5	0.3	0.3	0.1
	2.9	6.0	11.3	11.9	13.9	14.9	13	6.5	8.3	4.5	4.2	2.4
杨山岭	0.2	0.4	0.7	0.7	0.8	0.9	0.8	0.4	0.3	0.3	0.3	0.1
	2.5	7.9	8.1	9.8	9.9	9.7	14.1	9.9	9.6	8.2	6.5	3.8

2.2　湖泊容积

南漪湖湖面形状近似桑叶,北岸自北向南有南姥咀半岛直插湖心,以南姥咀与对岸连线为界,东半湖常称为东湖区,西半湖称为西湖区。湖面东西长 19km,最大宽度 14km。湖底较平坦,东湖区略低于西湖区,湖心处高程为 6.0～7.0m(吴淞基面),湖床平均高程为 8.2m,湖岸周长约为 140km。现状地形条件下,南漪湖兴利水位为 8.6m 时,水面面积为 160.5km²,蓄水量为 2.35 亿 m³;当南漪湖水位为 20 年一遇设计洪水位 13.5m 时,水面面积为 200.1km²(扣除东湖区塘坝超过 13.5m 的鱼塘),蓄水量为 11.53 亿 m³。南漪湖湖区水下地形见图 2.2-1。

对比 20 世纪 80 年代和 2019 年南漪湖水下地形及水位—容积曲线,东湖区湖心湖床高程由 5.5m 提高至 6.3m,西湖区湖心湖床高程由 6.0m 提高至 6.8m。2019 年南漪湖常水位下湖泊容积为 2.18 亿 m³,与 20 世纪 80 年代相比湖泊容积减小了 1.22 亿 m³。

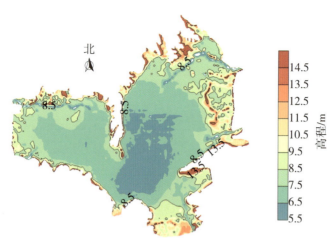

图 2.2-1 南漪湖湖区水下地形

2.3 湖区养殖及湖泊水质

（1）湖区围网养殖

自 21 世纪初以来，南漪湖兴起养殖热潮。从 2002 年开始少数试养，到 2005 年一度发展到养殖规模近 8 万亩（1 亩≈0.067hm²）。截至 2022 年 12 月，南漪湖湖区还存在养殖面积约 42990 亩（部分为渔光互补项目）。21 世纪初，南漪湖围网养殖主要以高栏低坝为主，湖区修筑的塘埂高程较低，一般不超过 9.0m。2006 年起，郎溪幸福圩外侧出现了以养殖青虾等产品为主的精养鱼塘，塘埂高程大幅提高。目前，郎溪幸福圩外侧塘埂顶高程超过 13.5m（南漪湖 20 年一遇设计洪水位）的区域面积达 11.6km²。

（2）水生态环境

根据《安徽省水污染防治工作方案》和《宣城市水功能区划》，南漪湖水功能区属于南漪湖宣州郎溪渔业农业用水区，水质管理目标为Ⅲ类。根据 2014—2019 年 6 月南漪湖水质监测资料，常规指标中溶解氧、高锰酸盐指数、五日生化需氧量、氨氮可稳定达到Ⅲ类水标准；总氮持续超Ⅲ类水标准；总磷不能稳定达到Ⅲ类水标准，一般冬季浓度高于夏季，冬季较易超Ⅲ类水标准。南漪湖 2014—2019 年 6 月综合营养状态指数在 30～70 变化，整体处于轻度富营养水平。2017—2018 年的夏季南漪湖均发生了水华，水体富营养化现象有恶化趋势。2023 年中有 4 个月水质出现超标现象。

2.4 南漪湖湖泊现状影响因素

由于逐年淤积，枯水位条件下南漪湖局部水深已不足 1.0m，水环境容量非常有限。在风浪作用下,底泥易起悬浮,对水质影响较大。受人类活动和流域经济社会快速发展的影响,流域内氮、磷等营养物质大幅增加,地表径流携带营养物质及污染物进入湖体,经长期积累,湖泊底泥受到污染。同时由于湖泊淤浅,风浪掀沙,湖水透明度下降。有研究表明,当湖区透明度降为 0.3~0.5m 时,水下相对光线强度(水下光线强度与水面光线强度之比)大于 5% 的水层厚度仅 0.3~0.5m,湖底光线强度还不足水面光线强度的 1%,远未达到水生植物生长所需的光线强度(水下相对光线强度大于 5%)。透明度不足又反过来制约水生植物生长,从而在湖区内部形成恶性循环,造成湖区内水生植物种类快速下降,最终使水生动植物生境遭到破坏,水体自净能力急剧下降。以上种种原因导致南漪湖水质常出现超标现象。

第3章 南漪湖综合治理生态清淤试验工程

3.1 南漪湖清淤疏浚的必要性

(1)南漪湖生态清淤是宣城市经济社会发展的需要

宣城市是皖苏浙省际交会区域中心城市,长三角重要的工贸旅游基地、交通物流枢纽,历史文化和山水生态名城。

南漪湖是宣城市自然生态环境的核心元素,是"城湖一体化发展"的重要依托。南漪湖传统上是一个以防洪、灌溉、水产养殖为主,兼顾航运及旅游等综合利用功能的天然湖泊。基础配套设施缺乏,旅游、休闲度假功能不能充分发挥;流域内及沿湖人类活动和不合理的开发利用,致使湖泊淤积,水环境日益恶化,水体存在富营养化趋势;水生生物覆盖率低,水生态环境遭到破坏。南漪湖现状与建设皖南国际文化旅游示范区的要求不相适应。实施南漪湖生态清淤,改善南漪湖生态环境,有利于提升南漪湖景观品质,是宣城市经济社会发展的迫切需要。

(2)南漪湖生态清淤是恢复湖泊良好形态的需要

南漪湖流域位于南方红壤丘陵区,土壤平均侵蚀模数为 $300\sim400t/(km^2 \cdot a)$,水土流失以水力侵蚀为主;开发建设扰动后,地表侵蚀模数可达 $10000t/(km^2 \cdot a)$ 以上。流域内大量泥沙被河流搬运到湖区沉积,自然状态下湖泊容积将逐渐减小。同时,20 世纪兴起的围网养殖和低坝高栏进一步加剧了南漪湖湖泊容积减小进程。20 世纪 80 年代南漪湖常水位下湖泊容积为 3.4 亿 m^3,根据 2019 年最新地形测量结果,南漪湖常水位下湖泊容积为 2.18 亿 m^3,常水位下湖泊容积减小了 1.22 亿 m^3。

关于河湖疏浚,《南漪湖流域治理规划》批复文件提出"根据湖周堤防防浪消浪、生态要求,结合河湖疏浚,设置防浪林台"。因此,为了维持南漪湖健康,采取清淤扩容等措施进行综合治理,恢复湖泊形态达到 20 世纪 80 年代较高水平是十分必要的。

(3)南漪湖生态清淤扩容有利于改善马山埠闸防洪调度条件

由于逐年淤积,枯水位条件下南漪湖局部水深已不足 1.0m,水环境容量非常有限;在风浪作用下,底泥易起悬浮,对水质影响较大。2019 年 2—5 月南漪湖连续 4 个月总磷超标。2019 年 6 月 24 日起,安徽省生态环境厅对南漪湖汇水区域涉水项目环评实施限批。

通过加强流域污染源防治和抬高南漪湖水位,2019 年 6 月后南漪湖水质基本可以满足Ⅲ类标准考核要求。但湖泊水位抬高会减小南漪湖调洪湖容,影响马山埠闸防洪调度。现状情况下确保南漪湖水质达标和防洪湖容之间存在两难选择。通过南漪湖综合治理生态清淤试验工程的建设,增加南漪湖水深,使得湖泊在正常蓄水位条件下水环境质量连续、稳定达到考核要求,间接改善马山埠闸防洪调度条件。

3.2　南漪湖清淤疏浚的任务、目标及规模

(1)工程任务

生态清淤是落实南漪湖水污染治理工作方案的重要举措。南漪湖综合治理生态清淤试验工程的任务是:清除试验区湖泊表层底泥,削减内源污染,提升水体自净能力,为生态系统的恢复创造条件;通过深层疏浚湖泊扩容,提高湖区库容,增强湖泊水环境容量,为今后若干年的流域泥沙输入淤积影响留下余地,同时提升湖区防洪保障功能。

(2)工程目标

南漪湖综合治理生态清淤试验工程的目标是:在试验工程实施过程中,通过实时监测、数值模拟、专家咨询等技术手段,不断分析工程建设对南漪湖防洪、生态环境、灌溉、航运等方面的影响,根据评价结论动态调整实施方案,为下阶段整体推进南漪湖生态清淤积累经验。

(3)工程规模

2022 年 6 月,水利部长江水利委员会下发了《关于南漪湖综合治理生态清淤试验工程洪水影响评价的行政许可决定》,同意拟建工程是南漪湖综合治理生态清淤工程的组成部分,旨在部分恢复南漪湖湖泊容积。工程疏浚面积 8.18km²,疏浚总量1637.11 万 m³,其中疏浚一区和疏浚二区面积分别为 5.38km² 和 2.80km²,疏浚深度分别为表层底泥 0.20m、深层 1.80m 和表层底泥 0.50m、深层 1.50m,疏浚量分别为 1077.03 万 m³ 和 560.08 万 m³。南漪湖综合治理生态清淤试验工程位置

见图 3.2-1。

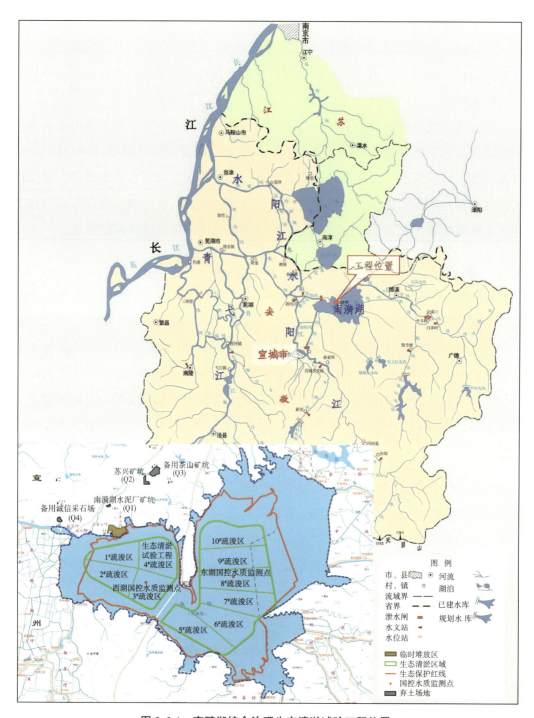

图 3.2-1 南漪湖综合治理生态清淤试验工程位置

南漪湖综合治理生态清淤试验工程特性见表 3.2-1。

表 3.2-1　　　　　　　　　　南漪湖综合治理生态清淤试验工程特性

序号	项目	数量	备注
1	南漪湖水面面积/km²	160.50	南漪湖兴利水位为 6.69m
2	清淤面积/km²	8.18	
3	表层淤泥疏浚量/万 m³	247.72	疏浚总量为 1637.11 万 m³
4	深层疏浚量/万 m³	1389.39	东风圩临时堆放区
5	临时堆放区面积/亩	1329.40	
6	工期/年	3	

3.3　南漪湖清淤疏浚总体方案

3.3.1　清淤原则

湖泊底泥既是污染物质的蓄积场所,又是水生植物和底栖生物生长生存的基础。底泥疏浚规模需要在湖泊环境调查与问题诊断分析的基础上,综合考虑底泥分布、污染特征、地质分层状况、水质、底质、水生态多种因素后确定。疏浚不仅要参照一般疏浚工程的行业标准和规程规范,还应根据环保疏浚的特殊要求,最大限度地清除污染底泥,同时尽量保护湖区原有的生态系统,并为水生态系统的恢复创造条件。此外,底泥疏浚应与湖泊综合利用相结合,满足防洪、生态保育、生态旅游、灌溉、生态养殖和航运等综合利用要求。根据底泥疏浚工程的上述特点,结合南漪湖的实际情况,确定南漪湖底泥疏浚的原则如下:

(1)分类分区实施原则

从水质问题诊断、水文地貌分析、湖区完整性和工程实施可操作性等角度出发,在遵照传统河湖疏浚经验的同时,根据湖区划分及国控水质监测点区域,分区实施,分类施策,有序推进整个湖区疏浚。

(2)环保清淤与工程疏浚相结合的原则

南漪湖具有防洪、生态保育、生态旅游、灌溉、生态养殖和航运等多种功能。确定南漪湖清淤疏浚工程方案时,需要兼顾南漪湖不同功能规划目标要求。例如,防洪需要保持一定调蓄容积,灌溉、航运、养殖、水生生物栖息和生态旅游观光需要保证一定的水质、水深。因此,清除污染物含量相对较高、对湖泊水体构成较大影响的表层污染底泥的同时,还需要与湖泊其他功能要求相结合,对部分湖区进行功能性疏浚,以达到综合治理的目标。

（3）环境保护原则

以低成本、低环境影响、易操作的生态工法为主，减少工程实施对周边环境的影响，在脱水及余水处理场地的选址中满足安全、环保及节能要求。

（4）保障水利工程、桥梁工程、水文工程等基础设施安全的原则

根据相关法律法规和管理规定要求，疏浚区与水利工程、桥梁工程、水文工程等应保持一定的安全距离。工程施工应确保水利工程、桥梁工程、水文工程等基础设施安全。

3.3.2 清淤范围

从南漪湖底泥污染角度出发，南漪湖底泥普遍污染，湖区内均有必要实施清淤；从水利工程、桥梁工程、水文工程等基础设施保护要求出发，湖泊清淤疏浚应避开工程基础设施的保护范围。从维护南漪湖湿地水生植物生长条件出发，南漪湖湿地生态修复区域应不清淤或者少清淤，划分为保留区；另外，还需考虑现状围网养殖区域地形较高，将来围网、矮围栏等养殖设施拆除后，也以恢复湿地或从事绿色生态养殖为主，不宜实施清淤，划分为保留区。在此基础上，考虑清淤区域的形态和方便施工等要求，部分区域亦作保留；扣除上述保护区、保留区后，剩下的湖区即为可疏区，面积为 83.75km^2。

3.3.3 清淤深度

为满足南漪湖水质达标要求，必须清除湖区表层平均厚度为 0.3m 的底泥层；另外，考虑南漪湖水质稳定达标的水深（东湖区 3.0m，西湖区 2.5m），并为今后一段时期内南漪湖湖体的淤积预留必要的库容，以 2011 年以来南漪湖最低水位作为控制条件，确定东湖区、西湖区清淤深度均为 2.0m（包括表层清淤和深层疏浚）。南漪湖疏浚后，扣除湖区排泥场占用湖泊容积部分，共增加湖泊容积约 1.86 亿 m^3，新增湖泊容积主要位于南漪湖兴利水位 8.6m 以下。

3.3.4 清淤方案

根据地勘资料，试验工程疏浚区域底泥厚度基本为 0.1～0.5m。底泥包括浮泥、流泥、淤泥、部分淤泥质土（天然湿密度≤1.8g/cm^3），其下为重粉质壤土、粉质黏土、粉细砂等。为满足南漪湖水质达标要求，必须清除湖区表层底泥层。正常情况下，为方便施工，在从上往下 2.0m 范围内进行疏浚，既满足南漪湖水质达标要求，也满足湖区扩容要求。但从地勘资料可知，表层 2.0m 范围均为淤泥质土，该方案将产生数

量巨大的淤泥,消纳淤泥难度较大,且处理费用极高。

为减少处理大量表层淤泥疏浚量所导致的二次环境污染,通过对地勘资料的进一步分析,在技术上通过挖除相对便于处理的深层疏浚料,达到既满足湖区清淤深度要求,又节省淤泥处理费用的目的,《南漪湖综合治理生态清淤试验工程初步设计报告》推荐疏浚表层和深层的方案。

南漪湖综合治理生态清淤试验工程平面疏浚面积为 8.18km²,疏浚一区和二区面积分别为 5.38km² 和 2.80km²,疏浚区与北侧岸边最小距离为 648m,与东侧岸边最小距离为 175m。疏浚一区竖向疏浚深度为表层底泥 0.2m、深层 1.8m,疏浚二区竖向疏浚深度为表层底泥 0.5m、深层 1.5m,形成疏浚范围为 2.0m 深的疏浚深度。共疏浚表层底泥 247.72 万 m³,其中疏浚一区和疏浚二区分别为 107.70 万 m³ 和 140.02 万 m³。在湖区周边设置淤泥临时堆放区,采用土工管袋技术对淤泥进行固结处理后,将表层底泥资源化利用于废旧矿山复绿、土方回填、园林用土、烧砖等。疏浚深层底泥共 1389.39 万 m³,其中疏浚一区和疏浚二区分别为 969.33 万 m³ 和 420.06 万 m³。采用专用工作船直接插管将深层底泥吸运至临时指定点后,再通过皮带卸料机上岸后采用输送整平临时堆放于临时堆放区,最后通过资源化利用进行消纳。

根据工程特点和现场地形情况,并针对各道工序利用网络计划技术加强施工组织协调,采用提早插入、交叉作业、相互搭接等综合措施,实施方案总流程见图 3.3-1。

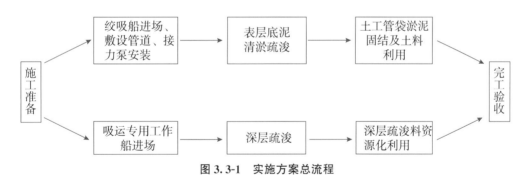

图 3.3-1　实施方案总流程

由于分项工程较多,施工时划分不同段落组进行施工。为了确保工期目标顺利实现,根据工程的施工特点,对整个湖区进行分区分块实施,在不同段落组内依据施工强度展开多个工作面,同时施工。

工程总体实施方案考虑湖区表层和深层土质差异,主要从湖泊表层底泥清淤疏浚和深层疏浚两部分同时进场施工。

(1)表层底泥清淤疏浚

表层底泥清淤疏浚主要针对疏浚一区和疏浚二区表层 0.2m 和 0.5m,其主要施工流程为:绞吸船进场→敷设管道→接力泵安装→表层底泥清淤疏浚→土工管袋淤泥固结及土料利用。

（2）深层疏浚

深层疏浚主要针对疏浚一区和疏浚二区深层 1.8m 和 1.5m，其主要施工流程为：吸运专用工作船施工→皮带卸料机上岸→输送整平→弃土料资源化利用。

疏浚出来的湖区表层淤泥土含水率高，力学性能差，基本无法直接利用。本工程采用土工管袋固结技术对表层疏浚淤泥土进行固结。土工管袋是一种由聚丙烯纱线编织而成的具有过滤结构的管状土工袋，其直径可根据需要变化，为 1.0～10m，长度最大可达到 200m，过滤强度高，过滤性能和抗紫外性能好。这种技术在水下疏浚的过程中将高分子药剂按一定比例剂量的溶液投入淤泥泥浆，打入管袋压滤脱水，以达到减少污泥体积的效果。这种处理方法无须围堰，可平地施工，就地固化，无须二次转运，工期较短，一般为 2 个月左右，且为全封闭施工，不受天气影响。

采用土工管袋固结技术能够将淤泥从湖区直接充灌至土工管袋，淤泥为全封闭固结施工，不需要设置地面淤泥池，对环境影响最小，其固结效率较高，淤泥固结在场地周转时间较短，能够较好地缩短工期，较好地控制脱水后的土料含水率，方便土料的重复利用，且其固结成本也相对较低。

土工管袋固结技术工艺流程见图 3.3-2。

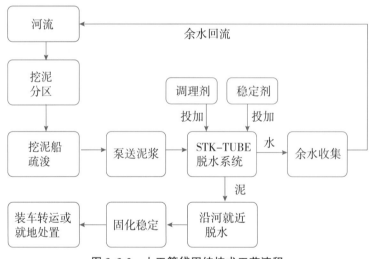

图 3.3-2　土工管袋固结技术工艺流程

疏浚底泥通过疏浚船直接充灌至土工管袋，在进入土工管袋前，需加入一定剂量的药剂以加速脱水。考虑工程特点，加药设备采用移动式加药站，加药能力与挖泥船干泥输送量的能力相匹配，药剂通过输药管道经混合器与排泥管中淤泥充分混合后充填入管袋，大大加快了淤泥脱水时间。土工管袋固结技术现场施工见图 3.3-3。该技术选用高韧聚丙烯材质土工管袋，考虑到脱水管袋功能材料，高克重材料会对淤泥脱水速率产生不利影响,因此管袋材料单位面积质量≤475g/m²,横向抗拉强度≥90kN/m,纵向抗拉强度≥90kN/m,横向延伸率≤13%,纵向延伸率≤13%,接缝强度≥85kN,CBD顶破强度≥10kN,等效孔径 Φ_{90} 为 -0.2~0.6mm,渗透性≥25L/(m²·s),500h氙灯照射剩余强度≥90%。

土工管袋脱水效率与余水水质取决于脱水助剂,脱水助剂应选用环境友好型,以有机化合物为主的材料,并具有锁固重金属、防止浸水二次泥化等功能,首选符合《饮用水化学处理剂卫生安全性评价》(GB/T 17218—1998)有关要求或在《食品添加剂使用卫生标准》(GB 2760—2014)目录内的相关脱水助剂。

　　　　　　　(a)　　　　　　　　　　　　　　　　(b)

图 3.3-3　土工管袋固结技术现场施工

第4章 南漪湖生态清淤试验工程效益评估方法

4.1 评估内容

(1)生态清淤深层疏浚施工工艺评估

分析深层疏浚机械设备施工方法、工艺流程,明晰深层疏浚施工工效及设备台班定额,定量分析深层疏浚对湖区水质的影响。

(2)生态清淤试验区水下地形评估

通过测量施工前及施工过程中的湖区水下地形,分析表层底泥清淤疏浚情况,探明试验区水位与湖泊容积变化规律,评估湖泊容积变化量。

(3)生态清淤试验区底泥沉降及底泥污染物分析

通过勘探试验区水下地层,分析深层疏浚情况,评估表层与深层疏浚层上覆底泥夹层沉降情况。通过底泥污染物检测,分析试验区完工后对底质的提升效益。

(4)生态清淤试验区综合效益及淤泥堆放区生态环境评估

通过检测试验区岸上淤泥临时堆放区周边土壤和水质,分析试验区完工后对水质的提升效益,阐释淤泥堆放区周边环境响应。通过实地调研及问卷调查方式,分析试验工程社会效益和经济效益,结合环境效益成果,探讨南漪湖综合治理生态清淤综合效益。

(5)生态清淤试验区生态环境保护措施综合评价

梳理试验区已采取的生态环境保护措施,对其进行分类,通过收集与分析环境监测数据和相关统计数据,评估生态环境保护措施的实施效果,对比分析试验区及周边水质指标检测结果,开展试验区生态环境保护措施综合评价。

4.2 评估依据

(1)法律法规

《中华人民共和国环境保护法》(2015 年);

《中华人民共和国水污染防治法》(2017 年修正版);

《中华人民共和国长江保护法》(2021 年);

《中华人民共和国水法》(2016 年修正版);

《水污染防治行动计划》(国发〔2015〕17 号);

《湖库富营养化防治技术政策》(环发〔2004〕59 号);

《安徽省湖泊管理保护条例》(2017 年 7 月 28 日安徽省第十二届人民代表大会常务委员会第三十九次会议通过);

《安徽省湿地保护条例》(2018 年修正版);

(2)主要标准、规范、规程

1)水质

《水质 pH 值的测定 电极法》(HJ 1147—2020);

《水质 悬浮物的测定 重量法》(GB/T 11901—89);

《水质 溶解氧的测定 电化学探头法》(HJ 506—2009);

《水质 水温的测定 温度计或颠倒温度计测定法》(GB/T 13195—91);

《便携式电导率仪法〈水和废水监测分析方法(第四版)〉》国家环境保护总局(2002 年);

《水质 透明度 塞氏盘法〈水和废水监测分析方法(第四版)〉》国家环境保护总局(2002 年);

《水质 高锰酸盐指数的测定》(GB/T 11892—89);

《水质 化学需氧量的测定 重铬酸盐法》(HJ 828—2017);

《水质 五日生化需氧量(BOD$_5$)的测定 稀释与接种法》(HJ 505—2009);

《水质 氨氮的测定 纳氏试剂分光光度法》(HJ 535—2009);

《水质 总氮的测定 碱性过硫酸钾消解紫外分光光度法》(HJ 636—2012);

《水质 总磷的测定 钼酸铵分光光度法》(GB/T 11893—89);

《水质 叶绿素 a 的测定 分光光度法》(HJ 897—2017);

《水质 浊度的测定 浊度计法》(HJ 1075—2019);

《地表水环境质量标准》(GB 3838—2002);

《地表水环境质量监测技术规范》(HJ 91.2—2022);

《污水综合排放标准》(GB 8978—1996)。

2)底泥及土壤

《土壤 氨氮、亚硝酸盐氮、硝酸盐氮的测定 氯化钾溶液提取-分光光度法》(HJ 634—2012);

《底泥 有机质的测定 重铬酸钾容量法〈水和废水监测分析方法(第四版)〉》国家环境保护总局(2002 年);

《土壤质量 铅、镉的测定 石墨炉原子吸收分光光度法》(GB/T 17141—1997);

《土壤和沉积物 汞、砷、硒、铋、锑的测定 微波消解/原子荧光法》(HJ 680—2013);

《土壤和沉积物 铜、锌、铅、镍、铬的测定 火焰原子吸收分光光度法》(HJ 491—2019);

《海洋监测规范 第 5 部分:沉积物分析》(GB 17378.5—2007);

《土壤检测 第 4 部分:土壤容重的测定》(NY/T 1121.4—2006);

《土壤检测 第 6 部分:土壤有机质的测定》(NY/T 1121.6—2006);

《土壤 总磷的测定 碱熔-钼锑抗分光光度法》(HJ 632—2011);

《土壤 有效磷的测定 碳酸氢钠浸提-钼锑抗分光光度法》(HJ 704—2014);

《土壤质量 全氮的测定 凯氏法》(HJ 717—2014);

《土壤环境监测技术规范》(HJ/T 166—2004);

《土壤环境质量 农用地土壤污染风险管控标准(试行)》(GB 15618—2018)。

3)大气

《环境空气质量标准》(GB 3095—2012);

《环境空气质量手工监测技术规范》(HJ 194—2017);

《环境影响评价技术导则 大气环境》(HJ 2.2—2018)。

4)水生动植物

《水生态监测技术指南 湖泊和水库水生生物监测与评价(试行)》(HJ 1296—2023);

《水域生态系统观测规范》(中国环境科学出版社,2007);

《水库渔业资源调查规范》(SL 167—2014);

《生物多样性观测技术导则 内陆水域鱼类》(HJ 710.7—2014);

《生物多样性观测技术导则　淡水底栖大型无脊椎动物》(HJ 710.8—2014)；

《生物多样性观测技术导则　水生维管植物》(HJ 710.12—2016)；

《水质　浮游植物的测定　滤膜-显微镜计数法》(HJ 1215—2021)；

《水质　浮游植物的测定 0.1ml 计数框-显微镜计数法》(HJ 1216—2021)；

《水生态监测技术指南　河流水生生物监测与评价(试行)》(HJ 1295—2023)；

《渔业生态环境监测规范　第 3 部分:淡水》(SC/T 9102.3—2007)。

5)地质勘察

《岩土工程勘察规范(2009 年版)》(GB 50021—2001)；

《工程勘察通用规范》(GB 55017—2021)

《水利水电工程地质勘察规范(2022 年版)》(GB 50487—2008)；

《工程测量通用规范》(GB 55018—2021)；

《建筑抗震设计规范(2016 年版)》(GB 50011—2010)；

《水电工程水工建筑物抗震设计规范》(NB 35047—2015)；

《建筑工程抗震设防分类标准》(GB 50223—2008)；

《建筑工程地质勘探与取样技术规程》(JGJ/T 87—2012)；

《土工试验方法标准》(GB/T 50123—2019)；

《工程地质钻探标准》(CECS 240:2008)；

《岩土工程勘察安全标准》(GB 50585—2019)；

《岩土工程勘察报告编制标准》(YS/T 5203—2018)；

《中国地震动参数区划图》(GB 18306—2015)。

6)水下地形测量

《工程测量通用规范》(GB 55018—2021)；

《国家三、四等水准测量规范》(GB/T 12898—2009)；

《水利水电工程测量规范》(SL197—2013)；

《卫星定位城市测量技术标准》(CJJ/T 73—2019)；

《国家基本比例尺地图图式　第 1 部分:1：500 1：1000 1：2000 地形图图式》(GB/T20257.1—2017)。

(3)相关规划及技术报告

《宣城市城市总体规划(2016—2030 年)》；

《南漪湖流域治理规划》(2017 年 8 月安徽省水利厅批复)；

《宣城市湿地保护总体规划(2016—2025 年)》；

《南漪湖综合治理生态清淤试验工程项目环境影响报告书》；

《南漪湖综合治理生态清淤试验工程可行性研究报告》；

《南漪湖综合治理生态清淤试验工程初步设计报告》；

《南漪湖综合治理生态清淤试验工程深层疏浚采砂可行性论证报告》；

《南漪湖综合治理生态清淤试验工程水土保持方案报告书》；

《南漪湖综合治理生态清淤试验工程洪水影响评价报告书》；

《南漪湖综合治理生态清淤试验工程对南漪湖湿地生物多样性影响评价报告》；

《南漪湖生态治理清淤工程岩土勘察报告》。

4.3　评估数据来源

（1）水下地形测量

2023年1月，长江河湖建设有限公司施工前测量试验工程2023年度施工区域（疏浚一区）；

2023年6—12月，上海市政工程设计研究总院（集团）有限公司对施工区域开展月度施工后的水下地形测量；

2023年12月，上海市政工程设计研究总院（集团）有限公司对2023年6—12月清淤总区域进行水下地形测量。

（2）水下地层勘察

2022年12月，初步设计阶段长江勘测规划设计研究有限责任公司进行工程地质勘察；

2023年12月，中期评估阶段长江水利委员会长江科学院进行工程地质勘察。

（3）水质监测

2022年5—6月，深层疏浚施工工艺前期阶段长江水利委员会长江科学院进行水质监测；

2022年12月，初步设计阶段长江勘测规划设计研究有限责任公司进行水质监测；

2023年3—12月，施工阶段生态环境部长江流域生态环境监督管理局上海生态环境科学研究中心进行水质监测；

2023年12月，中期评估阶段长江水利委员会长江科学院进行水质监测。

（4）底泥检测

2022 年 12 月,初步设计阶段长江勘测规划设计研究有限责任公司进行底泥检测；

2023 年 12 月,中期评估阶段长江水利委员会长江科学院进行底泥检测。

（5）淤泥堆放区水质监测、土壤检测

2023 年 12 月,中期评估阶段长江水利委员会长江科学院淤泥堆放区进行水质监测、土壤检测。

（6）水生动植物调查

2023 年 12 月,中期评估阶段生态环境部长江流域生态环境监督管理局上海生态环境科学研究中心对水生动植物开展调查。

（7）社会经济效益评估

2023 年 12 月,中期评估阶段长江水利委员会长江科学院开展现场走访及问卷调查工作。

（8）生态环境保护措施评估

2023 年 12 月,中期评估阶段长江水利委员会长江科学院开展资料收集及实地调研工作。

第5章 深层疏浚施工工艺前期评估

5.1 深层疏浚工艺及试验研究任务

5.1.1 钻孔冲洗挖泥船工艺简介

通常的工程疏浚和环保疏浚都是采用挖泥船或者环保疏浚船挖掘湖底泥层,深层疏浚需要先钻孔以穿透表层的覆盖土层,再开启疏浚泥浆泵吸覆盖层下泥沙,是一种全新的疏浚工艺。采用深层疏浚工艺不需要先行疏挖上部的覆盖层,可以直接疏浚设计深度的泥沙,疏挖层上部土层自然沉降,达到设计疏浚深度。深层疏浚技术由于不需要进行上部的覆盖层疏浚,能大幅减少疏浚土方量,有效降低疏浚造价;大幅减少疏浚弃土,节约弃土处理费用;在疏浚过程中对表面泥层的扰动很小,有效缓解疏浚过程对水环境的负面影响。

5.1.2 钻孔冲吸挖泥船工作原理和系统组成

钻孔冲吸挖泥船由旋转绞切、高压冲水、疏浚吸泥、钻孔钢桩、桩架导向及收放、监控控制等系统组成。工作时通过铰刀绞切和高压水冲击的双重作用将钻孔钢桩底部泥土绞切排出,钻孔钢桩垂直自沉穿透覆盖层到达疏浚层,到达疏浚层后高压水切削土壤和扰动砂石供泥泵抽吸疏挖。各系统组成如下:

（1）旋转绞切系统

旋转绞切系统由驱动马达、减速器、传动轴和铰刀组成,通过铰刀的旋转切削,提高设备在覆盖层中的穿越速度,提高施工效率。

（2）高压冲水系统

高压冲水系统是实现深层疏浚必不可少的设备,主机设置在船舶平台内,通过布置在钻杆底部、吸砂头附近的喷嘴形成垂直向下的水流冲刷底部泥沙,与机械铰刀共同作用实现快速穿越的目的。穿透覆盖层后,高压冲水系统和疏浚吸泥系统共同进行深层疏浚工作。

（3）疏浚吸泥系统

疏浚吸泥系统采用泥浆泵，主机设置在船舶平台内，吸泥口布置在绞刀之后。

（4）钻孔钢桩系统

钻孔冲吸船的钻孔和疏浚均通过钻孔钢桩来实现。钢桩顶部安装绞刀马达、减速机等装置，底部安装绞刀、喷嘴和吸砂头等装置，钢桩内布置高压水管、吸泥管和绞刀传动轴。钢桩高度受疏浚深度、覆盖层厚度和水深等因素影响，根据三者数据计算出钢桩最低高度。

（5）桩架导向及收放系统

桩架导向及收放系统主要用于控制钻孔钢桩下放和导向，利用桩架导轨与桩架上可开合的夹具配合，控制钻孔钢桩的垂直下放，桩架上安装滑轮装置，通过卷扬机、钢丝绳实现钢桩的下降与上升。

（6）监控控制系统

为了在施工过程中实时监测与控制吸砂设备的工作状态，安装监测流量、压力与浓度的传感器、测斜仪、水深测量系统和定位系统等，通过计算机对数据进行采集、处理、记录和显示，以指导施工。采用电控系统操控全船设备并为绞刀提供动力。

5.1.3　深层疏浚施工方法及工艺流程

深层疏浚施工方法如下：

（1）钻孔冲吸船定位

钻孔冲吸船安装 GPS 定位装置，到达疏浚区抛锚初步定位，抛锚完成后通过绞缆移动船位，精准控制钻孔钢桩以对准计划的疏浚孔。

（2）钻孔钢桩向下穿透覆盖层

启动吸泥泵和利用吸口前端用于垂直高压冲水喷嘴喷射的高速水流结合绞刀的绞切，以较高的下沉速度穿过覆盖层，穿透过程中仅形成比钻孔桩直径略大的圆孔，在此过程中对覆盖层的挖掘量不大。

（3）钻孔钢桩向下挖掘完全进入疏浚层

钻孔钢桩进入计划深度的疏浚层后，便以较慢的速度向下沉放，同时开启疏浚泵进行疏浚，钢桩到达疏浚层的底部深度后，反复提升、下放钢桩。在提升、下放钢桩的过程中，高压水反复冲刷造成孔壁坍塌，进而扩大疏浚孔孔径。

（4）钢桩提升

单孔疏浚作业完成后，提升钢桩，移动船位至下一个疏浚孔，准备进行下一个疏浚孔疏浚施工。

深层疏浚施工工艺流程见图 5.1-1。

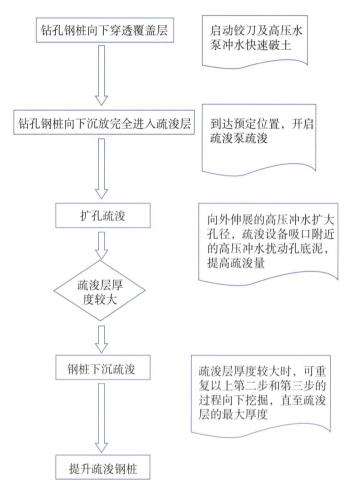

图 5.1-1 深层疏浚施工工艺流程

5.1.4 深层疏浚施工工艺试验研究任务

（1）优化工艺设备

深层疏浚工艺是采用钻孔穿透覆盖层后再利用泥浆泵吸泥疏浚的施工工艺。该工艺技术设备简单、操作方便、适应性强，但其设备为专用设备，必须根据实际工况定制。采用的设备型号、参数需要根据覆盖层厚度、疏浚深度和疏浚土质等工况条件做相应调整，以达到提高工效的目的。工艺研究的主要任务之一是针对南漪湖的工况对设备进行匹配优化，为工程高效实施提供保障。

（2）开展工效测定，为施工组织设计提供依据

工况不同，疏浚工程施工工效相差较大，以往进行施工组织设计时可以参照定额或者类似的项目资料来确定工效，但深层疏浚既没有定额资料也没有类似的项目资料可以参考，因此开展深层疏浚工效测定，为施工组织设计提供依据非常必要。

（3）评价深层疏浚对水环境的影响

所有的疏浚工程，包括环保疏浚，在实施过程中都不可避免地会对原状土泥层产生扰动。这种扰动会使已沉淀的淤泥再悬浮，淤泥中的氮、磷会在悬浮过程中再次释放，在疏浚实施过程中，短期内对水环境产生负面影响。南漪湖水质管理目标为Ⅲ类，湖内布设有国家水环境监测点。深层疏浚采用穿透覆盖层的工艺，虽对表层扰动较小，但影响到底有多大，应采取哪些相应措施也是工艺试验的主要研究任务之一。基于深层疏浚施工工艺试验，评价深层疏浚对水环境影响，也是工艺研究的主要任务之一。

5.2　深层疏浚施工工艺试验

5.2.1　工艺试验总体布置

（1）工艺试验区位置

深层疏浚施工工艺试验区计划布置在南漪湖西湖区南姥咀西岸片区（4#疏浚区），在南漪湖综合治理生态清淤试验工程范围内，紧靠湖内航道，方便设备调遣和运输。

（2）临时拼装场

钻孔疏浚船拆解后通过陆运运输进场，在临时拼装场拼装完成后用汽车吊吊放下水，拼装场设置在北山港码头。

（3）办公、生活区

在工艺试验区附近的朱桥乡租用宾馆作为办公、生活区，租用面积约 $250m^2$。

（4）临时码头和水上交通

在金凤村租用当地民船进行人员交通和试验物资运输，借用南漪湖边金凤村的渔业码头作为临时码头用于临时停靠、人员上下和物资转运，借用金凤村小型船厂作为设备安装场地。

（5）用水、用电

办公和生活用水、用电为当地民水民电，试验用水为从南漪湖内抽取的湖水，试

验用电为柴油发电机所发电。

5.2.2 工艺试验准备工作

（1）技术准备工作

①在工艺试验前及时收集各种技术资料,包括水下地形图、控制桩坐标、项目建议书、可行性研究报告、勘探测量资料。

②组织试验人员熟悉技术资料,进行方案会审及技术交底工作,讨论试验区布置,安排试验计划、目标和措施。

③确定试验区和各个疏浚孔的坐标位置,形成试验作业电子图并下发给试验班组,作为设备定位依据。

④准备工艺试验各项记录表格,对试验记录员、施工班组开展技术交底,明确记录要求。

⑤试验前校验 GPS,复核控制点,进行试验孔、水质取样点定位及试验区水下地形测量。

⑥准备试验前、试验中及试验后的水质监测。

（2）现场准备工作

①试验区现场测量:对业主提供的控制点进行复核,利用已知桩点进行水下原始地形测量,作为试验重要资料保存。

②试验区水质监测:试验开始前在试验区及附近设立多个水质监测点,开展水质监测。

③防污帷幕准备:工艺试验开始前在试验区周边布设防污帷幕,结合水质监测验证水环境保护措施的有效性。

④试验区标识:在试验区的试验孔、水质监测点及抛泥区四周插彩旗作为试验标识。

（3）试验设备准备

试验设备是明确试验工艺合理性的关键,根据试验计划,提前准备,配套落实,按计划进场。试验设备在进场前要检验性能状态,进场后及时进行查对和试运转,并加强保养维护。工艺试验任务开始前将钻孔疏浚船拆分后通过公路运输至北山港码头拼装,拼装完成后用 1 台 200t 的汽车吊吊装下水,通过船闸进入南漪湖。试验设备进入南漪湖后在金凤村小型船厂进行安装和起吊工作。

5.2.3 现场工艺试验

（1）试验区深层疏浚孔布置

工艺试验分别在三个试验区开展，三个试验区由防污帷幕围护在一个封闭水域内。每个试验区按不同的布孔方案分别布置 9 个深层疏浚孔，分为三排梅花形布置，每排布设 3 孔。各试验区孔位按如下间距布设：试验区一孔间距为 7m，排间距为 6.1m；试验区二孔间距为 6m，排间距为 5.2m；试验区三孔间距为 5m，排间距为 4.3m。试验区深层疏浚孔布置见图 5.2-1。

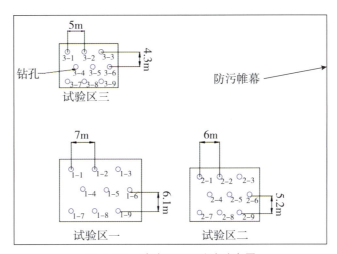

图 5.2-1　试验区深层疏浚孔布置

（2）工艺试验实施过程

2022 年 5 月 6—11 日，钻绞挖泥船拆卸解体；

2022 年 5 月 12—14 日，钻绞挖泥船装车运输至北山港码头；

2022 年 5 月 15—22 日，船体焊接，部分装置安装，吊装下水；

2022 年 5 月 23 日，所有设备通过北山船闸进入南漪湖；

2022 年 5 月 24 日—6 月 4 日，各子系统焊接安装，起竖桩架，起竖钻孔钢桩，现场准备（定位、水下测量、安装防污帷幕等工作）；

2022 年 6 月 4—7 日，拖带设备到达试验区，设备调试、试运转；

2022 年 6 月 8—15 日，工艺试验；

2022 年 6 月 16—18 日，收拢、拖带设备回到金凤村码头，设备出湖。

（3）工艺试验现场情况

工艺试验施工时间段为 2022 年 6 月 8—15 日，工艺设备包括钻孔冲吸挖泥船一条（总功率 1484kW）、开底泥驳一条（总功率 150kW）、工作船一条（功率 30kW）和交通艇一条(功率10kW)。试验区湖底高程为4.8～5m,水深为2.7～3m,覆盖层厚为13.3～14m,疏浚厚度为1～4.1m。据《南漪湖综合治理生态清淤试验工程岩土勘察报告》,深层疏浚岩土层编号"⑧$_1$层"为灰黄色、灰褐色、褐黄色砾质粗砂、砾砂,局部为中砂,砾石的直径最大可达20cm,含云母片,磨圆度较差,分选较差。参照《疏浚与吹填工程技术规范》(SL 17—2014)中的土类分级标准,"⑧$_1$层"的建议土类分级8级占比20%,9级占比80%。

5.2.4　工效测定记录数据

工艺试验开始前测量挖泥船油箱体积、油位及开底泥驳的体积,用于单孔油耗和完成的疏浚量的测量计算。深层疏浚工艺试验孔记录数据见表5.2-1。27个孔的总产量为622.4m³,工作总耗时为1793min,总油耗为2594.8kg。

表5.2-1　　　　　　　　　　深层疏浚工艺试验孔记录数据

序号	孔号	试验日期(2022年)	开始时间	结束时间	工作耗时/min	疏浚深度/m	油尺高度/cm	油耗/kg	本孔产量/m³	备注
1	1-1	6月8日	9:50	11:27	97	3.3	6.0	84.9	24.0	
2	1-2	6月8日	11:46	12:48	62	1.9	4.5	75.8	24.0	
3	1-3	6月8日	13:25	14:29	64	2.0	4.5	75.8	24.0	
4	1-4	6月9日	9:26	10:35	69	2.2	5.0	84.2	17.5	
5	1-5	6月9日	10:40	11:26	46	1.6	3.0	50.5	17.5	
6	1-6	6月9日	13:10	13:58	48	1.8	4.0	67.4	20.0	
7	1-7	6月9日	13:58	15:24	48	1.5	3.0	50.5	20.0	故障维修,停工38min
8	1-8	6月9日	15:24	16:11	47	1.8	2.5	42.1	20.0	
9	1-9	6月10日	9:31	10:32	61	2.5	4.0	67.4	18.2	
10	2-1	6月10日	11:59	13:07	68	1.9	4.5	75.8	20.4	
11	2-2	6月10日	13:29	14:47	78	3.1	7.0	117.9	31.8	
12	2-4	6月10日	14:47	15:30	43	1.0	2.0	33.7	9.1	大风,提前结束
13	2-3	6月12日	9:41	11:09	88	3.6	10.0	168.5	35.2	
14	2-7	6月12日	11:09	12:34	85	3.5	7.0	117.9	24.6	
15	2-8	6月12日	12:32	14:34	73	3.2	7.0	117.9	24.6	停工49min
16	2-5	6月12日	14:40	15:14	34	1.0	4.0	67.4	14.1	
17	2-9	6月13日	9:21	10:41	80	4.1	8.0	134.8	30.9	
18	2-6	6月13日	10:41	12:01	80	3.3	5.0	84.2	30.9	

序号	孔号	试验日期（2022 年）	开始时间	结束时间	工作耗时/min	疏浚深度/m	油尺高度/cm	油耗/kg	本孔产量/m³	备注
19	3-9	6 月 13 日	13:33	14:35	62	2.9	6.0	101.1	15.9	
20	3-6	6 月 13 日	14:35	16:15	100	1.9	7.0	117.9	18.6	
21	3-3	6 月 14 日	9:06	10:50	104	3.8	11.5	193.7	30.5	
22	3-5	6 月 14 日	12:11	13:09	58	3.1	7.0	117.9	22.4	
23	3-8	6 月 14 日	13:09	14:04	55	3.0	5.5	92.7	17.6	
24	3-7	6 月 14 日	14:14	15:19	65	3.1	8.0	134.8	25.6	
25	3-2	6 月 15 日	9:20	10:22	62	3.2	7.0	117.9	31.3	
26	3-4	6 月 15 日	10:22	11:32	70	3.2	7.0	117.9	31.3	
27	3-1	6 月 15 日	14:00	14:46	46	2.1	5.0	84.2	22.4	

5.3　工效分析及施工预算

5.3.1　分析方法

工效数据分析整理采用巴辛斯基方法,观测所得时间数据的算术平均值即为所求延续时间。为使算术平均值更加接近于各组成部分延续时间的正确值,必须删去显然错误的值及误差极大的值,根据处理后时间数据所得出的算术平均值,称为平均修正值。

在整理数据时,应删除以下几种数据:①受人为因素影响(如材料供应不及时造成的等候,测定人员造成的等候,测定人员记录时间的疏忽等)而误测的数据;②受施工因素影响而出现的大偏差数据。

整理数据注意事项如下:

①不能单凭主观想象,丧失技术测定的真实性和科学性;

②不能预先规定出偏差百分率,某些组成部分的偏差百分率可能偏大,而另一些组成部分的偏差百分率可能偏小。

为客观处理数据,采用误差极限算式进行,极限算式为:

$$\lim_{max} = \bar{x} + k(x_{max} - x_{min}) \tag{5.3-1}$$

$$\lim_{min} = \bar{x} - k(x_{max} - x_{min}) \tag{5.3-2}$$

式中,x——生产效率;

$\lim_{max}$——最大极限;

$\lim_{min}$——最小极限;

k——误差调整系数,见表 5.3-1。

表 5.3-1　　　　　　　　　　　　　误差调整系数

观察次数/次	4	5	6	7~8	9~10	11~15	16~30	31~53	54 及以上
调整系数	1.4	1.3	1.2	1.1	1.0	0.9	0.8	0.7	0.6

整理方法:首先从测得的时间数据中删去受人为因素影响而偏差极大的数据,然后从剩余时间数据中删去偏差极大的可疑数据,求出最大极限和最小极限,再删去范围以外偏差极大的可疑数据。

5.3.2　生产率计算

在整理分析测定的挖泥船工作时间并计算每孔完成的工程量后,可以获得挖泥船各孔生产率,深层疏浚生产率汇总见表 5.3-2。

表 5.3-2　　　　　　　　　　　　　深层疏浚生产率汇总

序号	孔号	工作耗时/min	台时消耗/台时	本孔产量/m³	生产效率/(m³/台时)	油耗/kg	台时油耗/(kg/台时)	疏浚深度/m	备注
1	1-1	97	1.62	24.0	14.81	84.91	52.41	3.3	
2	1-2	62	1.03	24.0	23.30	75.81	73.60	1.9	
3	1-3	64	1.07	24.0	22.43	75.81	70.85	2.0	
4	1-4	69	1.15	17.5	15.22	84.24	73.25	2.2	
5	1-5	46	0.77	17.5	22.73	50.54	65.64	1.6	
6	1-6	48	0.80	20.0	25.00	67.39	84.24	1.8	
7	1-7	48	0.80	20.0	25.00	50.54	63.18	1.5	故障维修,停工 38min
8	1-8	47	0.78	20.0	25.64	42.12	54.00	1.8	
9	1-9	61	1.02	18.2	17.84	67.39	66.07	2.5	
10	2-1	68	1.13	20.4	18.05	75.81	67.09	1.9	
11	2-2	78	1.30	31.8	24.46	117.93	90.72	3.1	——
12	2-4	43	0.72	9.1	12.64	33.69	46.80	1.0	
13	2-3	88	1.47	35.2	23.95	168.47	114.61	3.6	
14	2-7	85	1.42	24.6	17.32	117.93	83.05	3.5	
15	2-8	73	1.22	24.6	20.16	117.93	96.66	3.2	停工 49min
16	2-5	34	0.57	14.1	24.74	67.39	118.23	1.0	
17	2-9	80	1.33	30.9	23.23	134.78	101.34	4.1	
18	2-6	80	1.33	30.9	23.23	84.24	63.34	3.3	

序号	孔号	工作耗时/min	台时消耗/台时	本孔产量/m³	生产效率/(m³/台时)	油耗/kg	台时油耗/(kg/台时)	疏浚深度/m	备注
19	3-9	62	1.03	15.9	15.44	101.08	98.14	2.9	
20	3-6	100	1.67	18.6	11.14	117.93	70.62	1.9	
21	3-3	104	1.73	30.5	17.63	193.74	111.99	3.8	
22	3-5	58	0.97	22.4	23.09	117.93	121.58	3.1	
23	3-8	55	0.92	17.6	19.13	92.66	100.72	3.0	
24	3-7	65	1.08	25.6	23.70	134.78	124.79	3.1	
25	3-2	62	1.03	31.3	30.39	117.93	114.50	3.2	
26	3-4	70	1.17	31.3	26.75	117.93	100.79	3.2	
27	3-1	46	0.77	22.4	29.09	84.24	109.40	2.1	

5.3.3　工效分析

采用巴辛斯基法进行工效分析：

$\overline{x} \approx 21.34 (m^3/台时)$，$x_{max} = 30.39 (m^3/台时)$，$x_{min} = 11.14 (m^3/台时)$，$k$ 值取 0.8，求最大极限和最小极限。

$$\lim_{max} = 21.34 + 0.8 \times (30.39 - 11.14) = 36.74 (m^3/台时)$$

$$\lim_{min} = 21.34 - 0.8 \times (30.39 - 11.14) = 5.94 (m^3/台时)$$

修正后的小时生产率算术平均值为 21.34m³/台时，每万立方米耗用 468.60 台时，平均台时油耗为 86.58kg。

5.3.4　预算定额

（1）辅助用工和辅助船舶定额时间

深层疏浚预算定额中辅助用工、辅助船舶配备参照 200m³ 绞吸挖泥船配备。辅助用工按每船配备 1.5 人（中级工占 40%，初级工占 60%）计算，辅助船舶按表 5.3-3 配备。

表 5.3-3　辅助船舶配备

辅助名称	功率/kW
拖轮	176
锚艇	88
机艇	88

定额中辅助用工和辅助船舶设备定额时间按下列公式计算：

$$中级工（工时）=40\%\times1.5\times钻孔冲吸船（艘时） \tag{5.3-3}$$

$$初级工（工时）=60\%\times1.5\times钻孔冲吸船（艘时） \tag{5.3-4}$$

$$拖轮（艘时）=0.25\times钻孔冲吸船（艘时） \tag{5.3-5}$$

$$锚艇（艘时）=0.30\times钻孔冲吸船（艘时） \tag{5.3-6}$$

$$机艇（艘时）=0.33\times钻孔冲吸船（艘时） \tag{5.3-7}$$

按以上人工、设备配备。

（2）钻孔冲吸船深层疏浚定额表

根据工效分析得到的钻孔冲吸挖泥船台时消耗数量和参照200m³绞吸挖泥船配备的辅助用工和辅助船舶定额时间，参照水利水电建筑工程预算定额，用时间定额表示挖泥船深层疏浚定额。钻孔冲吸船深层疏浚（紧密粗砂）定额见表5.3-4。其工作内容为固定船位、钻孔、深层疏浚、装船、钢桩提升、工作面转移及辅助工作；适用条件为水深3m、覆盖层厚13.5m、疏浚厚度2m。

表5.3-4　　　　　　　　　　　钻孔冲吸船深层疏浚（紧密粗砂）定额

项目		取值
辅助用工	工长/工时	281.16
	高级工/工时	
	中级工/工时	
	初级工/工时	421.74
辅助船舶	1480kW 钻孔冲吸船/艘时	468.60
	176kW 拖轮/艘时	117.15
	88kW 锚艇/艘时	140.58
	88kW 机艇/艘时	154.64
其他机械费/%		3

5.3.5 预算单价分析

（1）人工、材料预算价格

人工预算价格按《水利工程设计概（估）算编制规定（工程部分）》（水总〔2014〕429号）计取：工长为8.02元/工时；高级工为7.4元/工时；中级工为6.16元/工时；初级工为4.26元/工时。

柴油预算价格按安徽省发改委2022年7月26日发布0#柴油批发价计算（计入2%采保费）：柴油预算价（不含税）$=9280\times\dfrac{[1+2\%采保费]}{1.13}=8377（元/t）$，

8377(元/t)＝8.38(元/kg)。

(2)台时费基价

按柴油基价 2.99 元/kg 计算台时费基价,钻孔冲吸船台时费中一类费用和人工数量参照 200m³ 绞吸式挖泥船(挖砂)台时费计算,柴油平均台时消耗调整为86.58kg/台时。锚艇台时费参照机艇台时费。台时费基价计算见表5.3-5。

表 5.3-5　　　　　台时费基价

序号	机械名称	一类费用/元			二类费用/元			合计/元
		折旧费	经常性修理费	小计	中级工	柴油	小计	
1	200m³ 钻孔冲吸船(挖砂)	126.81	157.75	284.56	68.99	258.87	327.87	612.43
2	176kW 拖轮	45.97	45.28	91.26	38.81	64.58	103.39	194.65
3	88kW 机艇	14.19	18.04	32.3	30.80	47.84	78.64	110.87

(3)取费费率

取费费率按《水利工程设计概(估)算编制规定(工程部分)》(水总〔2014〕429 号)疏浚工程取费,费率如下:其他直接费为 4.1%;间接费为 7.25%;企业利润为 7%;税金为 9%。

(4)预算单价分析

按以上基础价格和费率钻绞式挖泥船预算单价,单价分析见表5.3-6。钻孔冲吸船深层(紧密粗砂)疏浚定额单位为 10000m³,预算单价为 74.5 元/m³,工作内容为固定船位、钻孔、深层疏浚、装船、钢桩提升、工作面转移及辅助工作。通过计算,预算总价为 744960.39 元。

表 5.3-6　　　　　单价分析

序号	名称	计量单位	数量	单价/元	总价/元
1	直接费				370929.2
1.1	基本直接费				356320.08
1.1.1	人工费				3528.56
	中级工	工时	281.16	6.16	1731.95
	初级工	工时	421.74	4.26	1796.61
1.1.2	设备费				352791.52
	1484kW 钻孔冲吸船	艘时	468.6	612.43	286984.7
	176kW 拖轮	艘时	117.15	194.64	22802.08

续表

序号	名称	计量单位	数量	单价/元	总价/元
	88kW 抛锚艇	艘时	140.58	110.87	15586.1
	88kW 机艇	艘时	154.64	110.87	17144.94
	其他机械费	%	3	342517.82	10275.53
1.2	措施费	%	4.1	356321.91	14609.2
2	间接费	%	7.25	370931.11	26892.51
3	企业利润	%	7	397823.62	27847.65
4	材料补差	元			257778.63
	柴油	元	47825.348	5.39	257778.63
5	税金	%	9	683449.9	61510.49

5.4 深层疏浚对水质的影响

5.4.1 监测方案

在工艺试验区及附近设置多个水质监测点,根据《地表水环境质量标准》(GB 3838—2002)、《地表水和污水监测技术规范》(HJ/T 91—2002)和《水环境监测规范(SL 219—98)》等标准规范,在疏浚前、疏浚中和疏浚后开展水质监测工作,综合评价深层疏浚对水质的影响及影响范围。

(1)水质监测布点

结合深层疏浚试验开展工作,在深层疏浚工艺试验区及周围共布设 30 个监测点位。深层疏浚试验区水质监测点分布示意图见图 5.4-1。

①为监测不同试验区水环境质量背景值及在疏浚试验过程中水质变化情况,在疏浚试验区中心位置分别布设 1#~4# 监测点。

②施工作业将搅动湖底污泥,使作业区域水体浑浊度增加,原本吸附于底泥中的部分污染物随之释放到水体中,在一定范围内形成污染带。根据南漪湖受水和出水流向,以及湖泊水域内可能出现的紊流、扩散现象,为监测深层疏浚对试验区周围水环境质量的影响程度和范围,在试验区外侧不同距离布设 5#~28# 监测点,监测试验区水环境质量变化情况。

③布设外溢水监测点和国控断面 500m 监测点,分别为 29# 监测点和 30# 监测点,两者布设无规律,在示意图中无法准确确定两者与其他监测点的相对位置,故不在图 5.4-1 中标明。

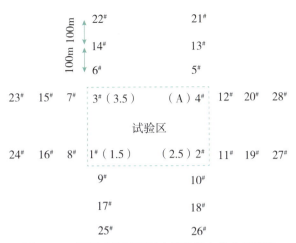

图 5.4-1　深层疏浚试验区水质监测点分布示意图

（2）监测频次

①疏浚前，在 1#～4# 监测点处各采取水质样品 1 次，作为试验区深层疏浚试验前水质监测背景值。

②疏浚试验开始后第 3 天和第 8 天，在 1#～27# 监测点和 30# 监测点各采取水质样品 1 次，作为试验区疏浚施工过程中的水质监测数值。

③疏浚试验施工结束后第 1 天、第 5 天和第 12 天，在 1#～27# 监测点和 30# 监测点各采取水质样品 1 次，分析施工后水质影响程度及范围。

5.4.2　监测结果

（1）pH 值

2022 年深层疏浚前后 pH 值监测结果见图 5.4-2。对比疏浚前后 pH 值监测结果可知，疏浚前后水体的 pH 值均位于 6～8，达到地表水Ⅲ类标准。

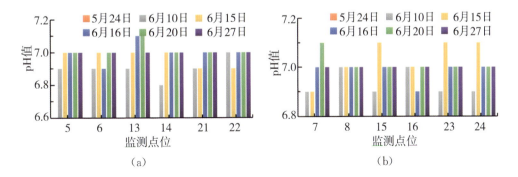

（a）　　　　　　　　　　　　　　（b）

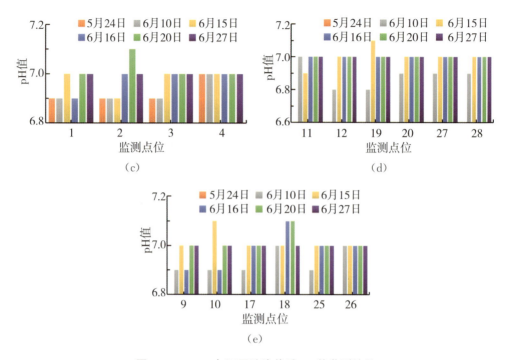

图 5.4-2 2022 年深层疏浚前后 pH 值监测结果

（2）浊度

2022 年深层疏浚前后浊度监测结果见图 5.4-3。对比疏浚前后浊度监测结果可知，疏浚施工开始后，其逐渐扰动底泥，浊度有一定程度上升，疏浚第 8 天起（工艺试验施工时间段为 2022 年 6 月 8—15 日，即 6 月 15 日起），浊度有下降趋势；疏浚施工结束后，其对底泥的扰动也随之结束，悬浮的底泥逐渐沉降，浊度明显降低。

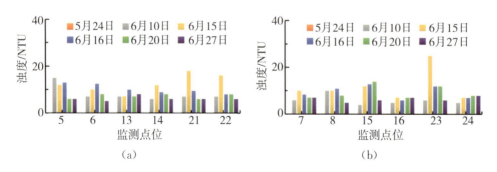

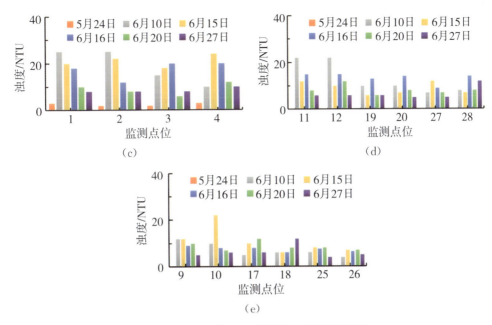

图 5.4-3　2022 年深层疏浚前后浊度监测结果

（3）溶解氧

2022 年深层疏浚前后溶解氧监测结果见图 5.4-4。对比疏浚前后溶解氧监测结果可知,疏浚施工开始后,其逐渐扰动底泥,溶解氧有一定程度下降,疏浚第 8 天(6 月15 日)起,溶解氧有上升趋势;疏浚施工结束后,其对底泥的扰动也随之结束,溶解氧达到最高值后开始下降,并逐渐趋于稳定;项目区疏浚前后溶解氧均不小于 5mg/L,达到地表水Ⅲ类(湖库)标准。

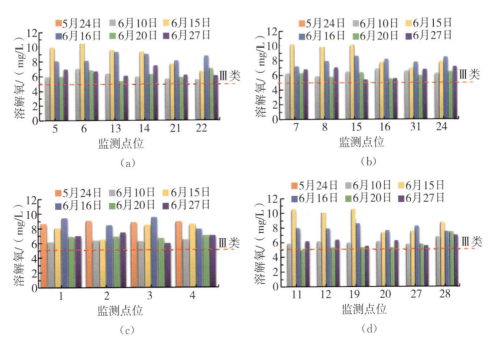

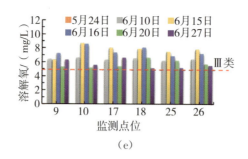

图 5.4-4　2022 年深层疏浚前后溶解氧监测结果

（4）化学需氧量

2022 年深层疏浚前后化学需氧量监测结果见图 5.4-5。对比疏浚前后化学需氧量监测结果可知，疏浚施工开始后，其逐渐扰动底泥，对水质中的化学需氧量有一定的影响，化学需氧量有上升趋势；疏浚施工结束后，其对底泥的扰动也随之结束，化学需氧量下降，并逐渐趋于稳定；项目区疏浚过程中，个别监测点位化学需氧量超地表水Ⅲ类（湖库）标准，疏浚结束后，各监测点均达到地表水Ⅲ类（湖库）标准。

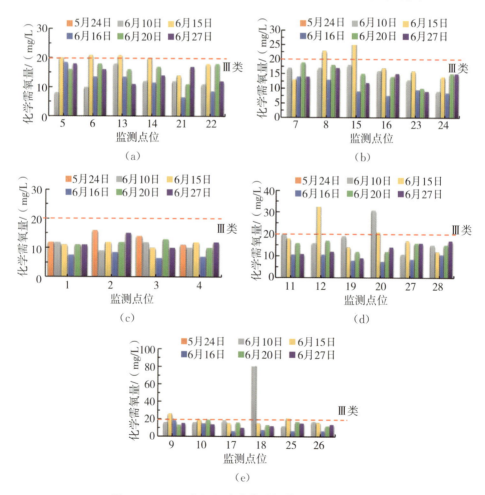

图 5.4-5　2022 年深层疏浚前后化学需氧量监测结果

（5）氨氮

2022 年深层疏浚前后氨氮监测结果见图 5.4-6。对比疏浚前后氨氮监测结果可知，疏浚施工开始后，其逐渐扰动底泥，氨氮有上升趋势；疏浚施工结束后，其对底泥的扰动也随之结束，氨氮下降，并逐渐趋于稳定；项目区疏浚前后氨氮均达到地表水Ⅲ类（湖库）标准。

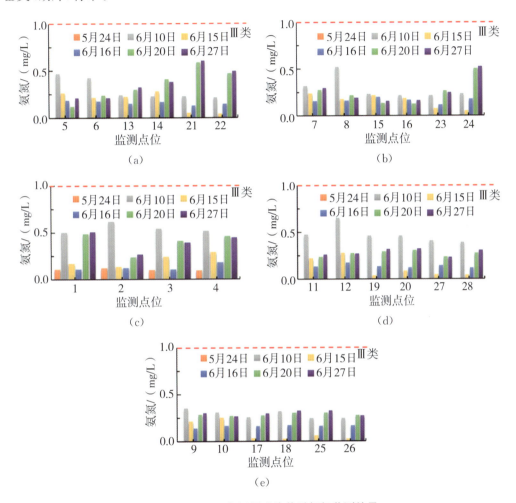

图 5.4-6　2022 年深层疏浚前后氨氮监测结果

（6）总磷

2022 年疏浚前后总磷监测结果见图 5.4-7。对比疏浚前后总磷监测结果可知，疏浚施工开始后，其逐渐扰动底泥，总磷有上升趋势；疏浚施工结束后，其对底泥的扰动也随之结束，总磷下降，并逐渐趋于稳定；项目区疏浚期间和疏浚后，个别监测点位总磷超地表水Ⅲ类（湖库）标准。

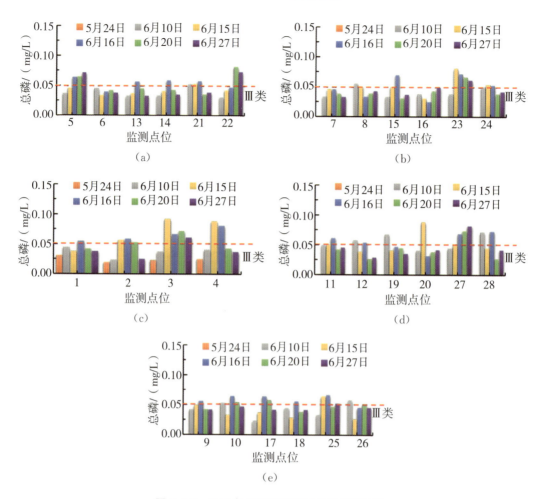

图 5.4-7　2022 年深层疏浚前后总磷监测结果

（7）总氮

2022 年深层疏浚前后总氮监测结果见图 5.4-8。对比疏浚前后总氮监测结果可知，疏浚施工开始后，总氮较疏浚前有明显下降；疏浚施工结束后，其对底泥的扰动也随之结束，总氮逐渐趋于稳定；项目区疏浚前，1#～4#监测点总氮超地表水Ⅲ类（湖库）标准，疏浚结束后，各监测点总氮均达到地表水Ⅲ类（湖库）标准。

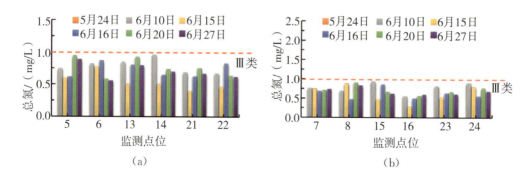

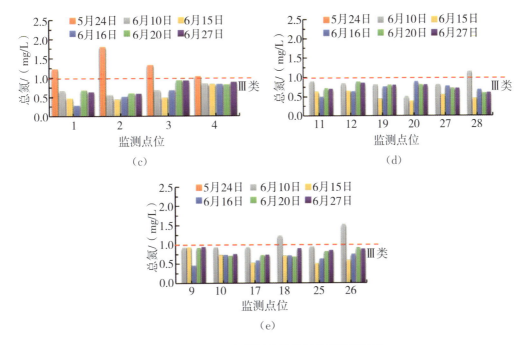

图 5.4-8　2022 年深层疏浚前后总氮监测结果

5.5　深层疏浚施工效果综合评价

深层疏浚工艺是可行的。南漪湖深层疏浚的土层疏浚分级较高,是可开展机械疏浚的最高一级,疏浚土层厚度较薄,钻孔冲吸船在工艺试验中的工效较低,预算价格较高。但从工艺试验过程来看,钻孔冲吸船施工工艺和设备有较大的改进空间,具备进一步提高工效的潜力。改进施工工艺和设备可以有效地降低深层疏浚预算造价,提升南漪湖工程的经济效益。

对比疏浚前后项目监测数据可知,深层疏浚施工开始后,其逐渐扰动底泥,各项指标有上升趋势,溶解氧、化学需氧量、氨氮、总氮在疏浚中和疏浚后均稳定在地表Ⅲ类水(湖库)标准,化学需氧量、总磷在疏浚期间有个别监测点超地表Ⅲ类(湖库)标准;疏浚施工结束后,其对底泥的扰动也随之结束,化学需氧量、总磷指标下降,并逐渐趋于稳定。从监测结果来看,深层疏浚技术在疏浚过程中对表面泥层的扰动较小,能够有效地缓解疏浚过程对水环境的负面影响。

深层疏浚技术虽对表面泥层的扰动较小,但对水环境仍有一定的负面影响。在该技术正式实施期间,先进行表层环保疏浚,削减底泥中氮、磷、氨氮的含量,可减少表层扰动产生的氮、磷、氨氮的释放,同时采取有效的防污措施可将负面影响降低到可接受程度,不会严重影响南漪湖水质。

第 6 章　环境保护工作回顾

6.1　工程环境影响评价审批文件的要求

2022 年 1 月 11 日,宣城市生态环境局下发《关于〈南漪湖综合治理生态清淤试验工程项目环境影响报告书〉的批复》,对项目建设与运行管理重点工作提出了明确要求。

(1)严格落实水污染防治措施

对清淤区域进行围挡隔离,减少对周边水体的扰动影响,防止二次污染;施工营地生活污水经化粪池收集后委托环卫部门用槽车运送至污水处理厂处理;住宿船舶生活污水由海事部门清污船集中收集处理,严禁向南漪湖湖区排放各类废水,影响国控断面水质。湖区清淤底泥采用土工管袋技术进行脱水,底泥临时堆放区周边设围堰及导流沟,导流沟至少暂存余水 24h,在余水排放口对 pH 值、化学需氧量、固体悬浮物、氨氮、总磷、总氮进行自动监测,余水排放浓度不得高于排放期间南漪湖最新的水质监测结果。

(2)严格落实大气污染防治措施

控制粉尘污染,对易产生扬尘的建筑材料等应采取洒水、覆盖等有效的防尘措施;加强对运输车辆的管理,落实出入车辆冲洗措施,避免遗撒引起二次扬尘污染。加强淤泥堆放区管理,严禁在指定堆放区以外的区域进行淤泥临时堆放;及时用覆土遮盖淤泥堆放区,控制恶臭污染。

(3)严格落实噪声污染防治措施

采用先进工艺和低噪声设备控制噪声产生,科学合理安排施工、疏浚时间,减缓施工期、疏浚期噪声影响。

(4)严格落实固体废弃物分类处置和综合利用措施

项目施工现场及施工船舶应布置垃圾箱,严禁将生活垃圾投入湖中,收集后的生活垃圾交由环卫部门统一清理；底泥固化后用于南漪湖水泥厂废弃矿坑复绿，底层疏浚料暂存于临时堆放区。

（5）落实环境监测措施

按《南漪湖综合治理生态清淤试验工程项目环境影响报告书》要求制定环境监测计划，配备环境监测人员和设备，对疏浚区东侧、疏浚区西侧、东风圩余水排放口下游和北山河(北山河大桥)每周监测 1 次，对疏浚区靠近西湖湖心国控点边界处进行自动监测，必要时增设监测点位，监测因子包括 pH 值、化学需氧量、固体悬浮物、氨氮、总磷、总氮、溶解性总磷，及时根据监测结果分析环境影响，一旦可能产生对国控水质监测断面的影响，就应立即采取停止施工等必要措施以降低影响。监测情况及时报安徽省宣城市生态环境局及宣城市生态环境监测中心。

（6）强化环境风险防范和应急管理

编制突发环境事故应急预案，制定施工期、疏浚期对国控监测点位影响的应对方案，杜绝突发性污染事故的发生。按《南漪湖综合治理生态清淤试验工程项目环境影响报告书》要求，开展环境监理工作，环境监理报告定期报安徽省宣城市生态环境局及宣州区生态环境分局。

（7）强化公众参与和社会监督

工程建设和疏浚过程中，应建立畅通的公众参与平台，满足公众合理的环境保护要求，定期发布企业环境信息，并主动接受社会监督。

6.2　生态环境保护措施调研

针对南漪湖综合治理生态清淤试验区目前采取的生态环境保护措施，分别对参建各方生态环境保护管理措施和施工作业区生态环境保护措施进行现场调研。其中，参建各方主要包括建设单位、施工单位、环境监测单位和环境监理单位等。其中，建设单位生态环境保护管理机构及措施主要包括与项目区生态环境保护措施相关的组织机构、例会制度、管理制度等，施工单位生态环境保护管理机构及措施主要包括组织机构、例会制度、管理制度、施工计划、技术交底培训等，环境监测单位生态环境保护管理机构及措施主要包括组织机构、例会制度、管理制度、监测计划等，环境监理单位生态环境保护管理机构及措施主要包括组织机构、例会制度、管理制度、监理计划等。生态环境保护管理机构及措施现场调研见表 6.2-1。

表 6.2-1　　　　　　　　　　生态环境保护管理机构及措施现场调研

序号	管理措施及机构指标	措施
1	建设单位管理机构及措施	组织机构、例会制度、管理制度等
2	施工单位管理机构及措施	组织机构、例会制度、管理制度、施工计划、技术交底培训等
3	环境监测单位管理机构及措施	组织机构、例会制度、管理制度、监测计划等
4	环境监理单位管理机构及措施	组织机构、例会制度、管理制度、监理计划等

对施工作业区废水、废气、噪声、固体废弃物、其他固体废弃物等影响湖区及周边环境的各项指标开展生态环境保护措施现场调研。施工作业区生态环境保护措施现场调研表见表 6.2-2。

表 6.2-2　　　　　　　　　施工作业区生态环境保护措施现场调研

序号	施工作业指标		措施调研
1	废水	生产生活区污水	是否缴纳污水处理费用,污水收集和处理渠道
		湖区作业船只含油废水	湖区作业船是否配备船用生活污水储存柜和油水分离器(舱底水分离器),污水收集和处理渠道
		底泥余水	是否设置围堰及导流沟,是否定期进行余水指标监测
		水下施工作业(浑水拦截)	是否设置防污帷幕
2	废气	施工扬尘	是否定期洒水
		施工车辆燃油废气	是否进行车辆年检
		运输车辆交通扬尘	是否定期洒水
		淤泥恶臭	施工期、临时存放位置、敏感点位置、排水沟
3	噪声	噪声源控制	隔声屏障、设备与敏感点距离、设备声源控制、施工期噪声监测
		敏感点防护	敏感点位置区域,是否夜间施工
4	固体废弃物	施工弃土(淤泥)	土料用于回填和园林、废旧矿山修复等
5	其他固体废弃物	生活垃圾	施工营地、船舶生活垃圾、机械维修废油
		建筑垃圾	船舶含油废渣、包装袋、建材、包装材料等
6	其他		船舶溢油风险防控:施工船舶协调监督管理、导助航、助航等安全保障设施,船只交通秩序,各船工作计划(施工时间、路线、作业区域)

6.3 生态环境保护管理措施

6.3.1 建设单位管理机构及措施

项目建设之初,建设单位组建生态环境保护管理专班,负责项目施工过程中的组织与协调工作。

(1)管理机构

在项目开工前,建设单位根据《南漪湖综合治理生态清淤试验工程项目环境影响报告书》及其批复意见,对施工图中的生态环境保护措施进行了复核,复核内容包括环保设计、环保措施和环保要求,复核标准为批复意见中与上述内容有关的内容和原则,国家和地方有关法律法规、政策和有关强制性技术标准,措施的可操作性。

建设单位还聘请了有关专家,组织开展工程环境保护培训,截至 2023 年 12 月,已开展工程环境保护培训 200 人次。培训对象主要包括建设单位工程指挥部主要领导、监理单位总监、施工单位项目经理、环保总监及水保总监。

此外,建设单位还与施工单位签署了与环保要求和环保目标相关的责任书;在开工前参与审查了施工单位的施工组织设计及方案;开展了环境监理,监督检查环保工程、环保措施和要求的落实情况,保证各项工程施工按同时设计、同时施工、同时投产使用("三同时")的原则执行;委托相关单位实施项目施工过程中的环境监测。

(2)管理措施

建设单位组建成立了突发环境事件应急预案编制小组,与相关部门进行信息沟通及资料提取工作(主要涉及公司环境、安全的岗位或人员),收集以下信息,包括:适用的法律法规和标准,企业基础信息,周边环境风险受体及分布情况,地理、环境、气象资料,现有应急资源,政府相关部门及外部相关单位的应急预案,可用的外部应急资源及联系方式等。

2023 年 7 月,建设单位突发环境事件应急预案编制小组负责编制了《南漪湖综合治理生态清淤试验工程项目突发环境事件风险评估报告》《南漪湖综合治理生态清淤试验工程项目突发环境事件应急资源调查报告》《南漪湖综合治理生态清淤试验工程项目突发环境事件应急预案》,分别就突发环境事件对南漪湖国控点影响,以及溢油事故、尾水非正常排放事故、淤泥疏松管道破损泄漏事故、淤泥上岸异味对周围的影响等编制了现场处置预案,明确了应急组织机构的组成、职责、预防与预警机制、应急响应程序;针对企业环境风险事故情景分析,提出相关应急处置措施;明确应急预案启动条件、分级响应、应急终止、后期处置和应急预案保障条件,并对应急预案管理提出了相应要求。

2023年7月29日,建设单位组织有关专家及参建各方对《南漪湖综合治理生态清淤试验工程项目突发环境事件应急预案》进行了技术评审。会后根据评估意见完善了相关材料,形成最终备案稿,并上报生态环境主管部门备案。

6.3.2 施工单位管理机构及措施

项目开工前,施工单位组建工程指挥部和环境保护专班,工程指挥部领导全面负责环保工作,同时项目部制定了完善的环境保护计划和管理办法等规章制度,明确了施工工艺、施工工序和环境管理措施等。

在进场施工前,施工单位向工程所在地环境保护行政主管部门申报了工程有关资料及可能发生的环境噪声值及所采取的环境噪声污染防治措施等情况,积极配合建设单位环境管理、环境监理、环境监测等机构开展现场检查。

(1)管理机构

施工单位制定了安全生产保障体系,下设思想保证、组织保证、检查保证及经济保证。其中,组织保证包括安全生产领导小组、安质环保部,组织保证包括挖运船领导小组、专职安全员及义务安全员等,组织开展安全活动。项目部挂设主要管理人员职责表,上至项目经理,下至各部门具体负责人;挂设南漪湖综合治理生态清淤试验工程总承包(EPC)A1区孔号平面布置图,可根据实际需要更新施工进度。

(2)管理措施

1)安全生产委员会

为加强对项目部安全生产的统一领导、协调,督促安全生产管理工作,明确安全生产责任,有效预防各类事故的发生,项目部成立了南漪湖综合治理生态清淤试验工程EPC项目部安全生产委员会,安全生产委员会是项目部安全生产工作的最高领导机构。

2)船舶安全管理制度

为加强船舶安全管理,防止和减少生产事故,保障人身、机械设备和工程的安全,根据国家有关安全生产的法律法规、规章制度,施工单位制定了船舶安全管理制度,规定船舶进场设备的工作管理流程。

3)定期召开船舶调度及管理协调会议

项目部定期组织召开船舶调度及管理协调会议,与班组确定船舶调度工作流程,讨论制定深层疏浚船舶管理规定,提出整改意见等。例如,2023年6月9日,项目部组织召开了船舶调度及管理协调会议,形成会议总结如下:船舶调度时产生的问题应及时反馈至各自负责人,运输船相关问题反馈至运输队负责人,疏浚船相关问题反馈至班组负责人,小问题自行协商解决,协商解决不了的上报至项目部由项目部沟通协调,项目部责无旁贷;问题解决后要总结经验,防止类似问题再次发生;管理职责在项目部,但是一线工作的管理需要更为细致,一线工作人员发挥出一线的作用,共同把船舶管理工作做好。

6.3.3　环境监测单位管理机构及措施

(1)管理机构

项目建设之初,环境监测单位组建环境监测专班,对南漪湖现场进行考察,制定详细周密的施工期环境监测实施方案,明确了监测指标及监测频次。

(2)管理措施

环境监测单位依据编制的环境监测实施方案,严格按照国家有关标准、规范和规程,按照环境监测单位内部管理规定,严格控制现场采样、室内测试化验、成果报告编制等质量和流程,定期开展水环境监测(包括自动监测和人工监测)、大气监测、噪声监测、生态监测、人群健康监测、清除底泥泥质监测,定期提交该工程《施工期水环境监测报告》《施工期大气监测报告》《施工期噪声监测报告》《施工期生态监测报告》《施工期清除底泥泥质监测报告》等,并对监测成果负责。

环境监测单位对试验工程施工期监测指标如下:

1)水环境监测

①污染源监测。

监测点布设:在东风圩排泥场的余水排放口设 1 个自动监测点。

监测指标:pH 值、化学需氧量、固体悬浮物、氨氮、总磷、总氮。

监测频次:余水排放口施工期内安装自动监测。

②南漪湖水质监测。

监测点布设:根据《南漪湖综合治理生态清淤试验工程项目环境影响报告书》及其批复意见要求,选择工程区内典型断面进行水质状况监测,共设 5 个监测点。其中,试验工程疏浚区东侧、试验工程疏浚区西侧、东风圩余水排放口下游和北山河(北山河大桥)4 个监测点每周开展 1 次监测,疏浚区靠近西湖湖心国控点边界处进行自动监测,地表水监测点位分布见图 6.3-1。

监测指标:4 个监测点采样监测指标为 pH 值、化学需氧量、固体悬浮物、氨氮、总磷和总氮等 6 项;自动监测点监测指标为 pH 值、化学需氧量、固体悬浮物、氨氮、总磷、总氮和溶解性总磷等 7 项。

监测频次:施工期内 4 个监测点每周各监测 1 次。

图 6.3-1　地表水监测点位分布

2)环境空气监测

监测点布设:在项目施工区周围共布设 4 个大气环境监测点,环境空气监测点位分布见图 6.3-2。

监测指标:总悬浮颗粒物、氨气、硫化氢。

监测频率:施工期内每季度 1 次,每次连续监测 7 天。

图 6.3-2　环境空气监测点位分布

3)环境噪声监测

监测点布设:在项目施工区域内布设 5 个有代表性的声环境敏感点,环境噪声监测点位分布见图 6.3-3。

监测指标:昼、夜间连续等效声级。

监测频次:施工期内每季度 1 次。

图 6.3-3　环境噪声监测点位分布

4)生态调查与监测

①陆生生态。

监测内容:对工程影响区整体陆生植被进行调查,调查内容包括工程涉及区地表植被覆盖现状和植被情况,主要草本植物、乔本植物和灌木植被的分布情况等。

监测频次:在施工准备期和施工迹地恢复一年后各监测 1 次。

②水生生态。

监测内容:在工程施工和影响区域进行浮游生物、底栖生物、水生植物、鱼类群落组成和种群动态等的监测,统计分析水生生物和鱼类种类组成,种群动态、资源量变化、分析趋势和变化原因,对清淤后潜在的影响进行后续监测和评价。监测主要内容和要素有叶绿素 a,浮游生物、底栖生物、水生植物的种类及生物量,鱼类的种类组成及数量分布,渔获物种类、优势种、数量分布等。

监测频次:在施工期内和施工结束后各监测 1 次,共监测 2 次。

5)人群健康监测

监测内容:对血吸虫病等传染性疾病进行监控、监测。

监测对象:各个施工区施工人员和管理人员。

监测要求:每年开展 1 次血吸虫病筛查和防治知识宣传活动;发放预防药品;在施工区进行卫生管理和卫生宣传教育。

6)清除底泥泥质监测

监测点布设:东风圩淤泥临时堆放区内设置 1 个监测点,根据施工进度,淤泥临时堆放区有淤泥进入时监测。

监测指标:镉、汞、砷、铅、铬、铜、镍、锌等 8 项指标。

监测频次:按施工进度和疏浚强度,湖区每清淤 0.5~1.0km² 时取样 1 次。

6.3.4　环境监理单位管理机构及措施

（1）管理机构

环境监理单位在接收工程环境监理委托后,单位立即成立环保监理组织机构,组织机构分工明确,责任清晰。在环境监理单位环境保护负责人领导下,开展环境监理工作,确保环境保护、水土保持始终处在可控状态。

2023 年 2 月,环境保护监理组织机构组织编制《南漪湖综合治理生态清淤试验工程施工环境保护监理规划》和《南漪湖综合治理生态清淤试验工程环境监理实施细则》,坚持"预防为主,保护优先,开发和保护并重"的指导思想,坚持"质量环保双优"的工作方针,建立了环保监理保证体系(图 6.3-4),制定了日常工作、例会、月报、污染事故报告、验收等与环境监理有关的工作制度。

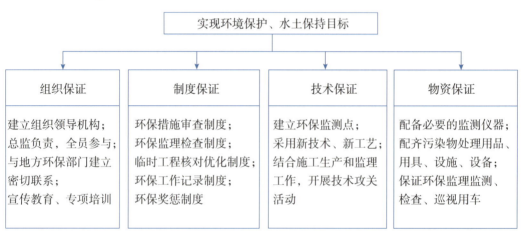

图 6.3-4　环保监理保证体系

（2）管理措施

1)组织措施

环境监理部负责总体环保工作,由总监负责现场环境监理工作;制定环保监理规划,明确监理范围及工作标准,验收时向业主提交环境监理总结;要求承包人确定环保工作责任人,会同政府、业主和监理人建立环保工作联系监控体系,落实各方联系人员、联系方式;环境监理工程师将督促承包人在施工阶段,按照《中华人民共和国环境保护法》和《中华人民共和国水土保持法》等法律法规和政策要求,做好污染防治和生态保护措施的实施工作。

2）技术措施

认真审查施工设计文件，检查有无遗漏差错，协助设计单位提交满足环保法规要求的设计文件；审查承包人的环境管理体系情况。

①防护工程监理：监理坡面防护工程等数量、质量、位置符合设计要求及质量标准。

②植被工程监理：水土保持、余水处理、环境自动监测船等系统、设备质量合格。

③大气环境治理：通过实施文明工地建设及硬化、遮挡、苫盖和洒水等措施，最大限度地控制扬尘污染。

④噪声治理：监控承包人尽量采用低噪声设备，通过调整作业时间，避免夜间施工扰民；重点监控承包人对沿线敏感点采取隔声措施，以求降低或避免噪声污染。

⑤固体废物：监理各施工区定点设置垃圾桶，对垃圾要进行必要处理，严禁随意堆放、焚烧；及时收回包装废弃物，不得随意丢弃，污染周围环境，定期清理。监控承包人根据工程进度需要合理安排取弃土作业，制止乱取乱弃，检查并督促承包人采取防止渣土洒落、泥浆废水溢流、尘土飞扬的施工措施，工程结束后及时平整取弃土场地。

⑥会同委托人、设计人和承包人针对环保重大问题制定处置预案。

⑦依法及时向有关部门报告环保和水保重大事件。

3）经济措施

要求承包人制定提交环保考核经济责任状，作为环保不达标的处置依据。

4）合同措施

依据国家、地方的法律法规和业主的有关规定，在分包、劳务等合同中必须约定环境保护、水土保持重大事件。

6.4　施工作业区生态环境保护措施

6.4.1　废水控制措施

南漪湖综合治理生态清淤试验工程废水及污染水来源主要包括生产生活区污水、湖区作业船只污水、底泥余水、湖区施工作业区浑水等。

（1）生产生活区污水

在深层疏浚砂料场临时堆放区设有一处办公场地（图 6.4-1），主要用于船只调度管理、日常办公及防汛物资存放等，无生活污水排放。

图 6.4-1 深层疏浚沙料场临时堆放区办公场地

现场走访调研可知,施工单位工作人员租用项目区周边村落农户房屋,通过缴纳污水处理费用,日常生活产生的污水由村组统一收集和处理。施工单位项目部位于狸桥镇,通过缴纳污水处理费用,其产生的生活污水由狸桥镇环卫公司统一收集和处理。

(2)湖区作业船只污水

湖区作业船只污水主要包括作业船只含油废水、船上的工作人员生活污水等。经现场调研,截至 2023 年 12 月底,项目区疏浚船只 12 艘,运输船只 12 艘,每艘船只内均配备有船用生活污水储存柜、油水分离器(舱底水分离器)、简易临时卫生间。船只含油废水及生活污水由垃圾收集船定期收集,该垃圾收集船专门为南漪湖生态清淤项目打造。当项目全面开工时,垃圾收集船每周收集垃圾 1 次;当项目部分开工时,垃圾收集船每 2~3 周收集垃圾 1 次。船用生活污水储存柜、油水分离器(舱底水分离器)、简易临时卫生间、垃圾收集船见图 6.4-2。

(a)深层疏浚沙料运输船　　　　　(b)船用生活污水储存柜(局部)

(c)船用生活污水储存柜(整体)　　　　(d)油水分离器(局部)

(e)油水分离器(整体)　(f)船上简易临时卫生间　(g)垃圾收集船(新造)

图 6.4-2　湖区作业船只污水控制措施

(3)底泥余水

本项目表层疏浚底泥采用高压管道从湖区直接输送至淤泥临时堆放区,采用土工管袋固结技术,掺拌高分子药剂和脱水助剂就地固化。高分子药剂和脱水助剂是以有机化合物为主的材料,具有锁固重金属、防止浸水二次泥化等功能,符合《饮用水化学处理剂卫生安全性评价》(GB/T 17218—1998)的有关要求。

经现场调研,淤泥临时堆放区为封闭场地,中间高,四周低。其中,采用土工管袋固结技术填装的淤泥堆放在中间区域,四周修建的排水沟用于底泥余水存放。由于2023年清淤量较少,设计的底泥余水处理厂尚未修建。淤泥临时堆放区现场情况见图 6.4-3。

为分析淤泥临时堆放区余水对周边湖区水质的影响,自 2023 年 3 月起,对东风圩余水排放口下游周边开展水质监测工作,监测指标为 pH 值、固体悬浮物、氨氮、总磷、总氮等。截至 2023 年 12 月 18 日,累计取样 160 次,监测 80 次。淤泥堆放区余水排放口监测点位分布见图 6.4-4。

（a）　　　　　　　　　　　　　　　　（b）

图 6.4-3　淤泥临时堆放区现场情况（无人机航拍）

图 6.4-4　淤泥堆放区余水排放口监测点位分布

（4）湖区施工作业区浑水

南漪湖综合治理生态清淤试验工程对湖区水质指标和水环境保护具有较高的要求，在表层清淤过程中，表层淤泥受扰动，存在施工区底泥再悬浮和污染物释放的风险，因此需要对试验区进行围挡隔离，减少施工对周边水体的扰动，防止二次污染。

施工单位在开展清淤前，采用拦污屏措施对试验工程所在区域进行了围挡，见图 6.4-5。拦污屏总长度约 1.6km，拦污屏底部距离湖床 0.5m 左右，以防止施工区域变为死水。同时，拦污屏底部预留 0.5m 左右的空间，以尽可能降低项目施工对鱼类活动的影响。从图 6.4-5 中可以看出，施工区水质较为浑浊，而拦污屏外的水质较为清澈，表明拦污屏在拦截底泥再悬浮方面起到了良好的效果。

(a)　　　　　　　　　　　　　　　(b)

图 6.4-5　湖区施工区浑水拦截(拦污屏措施)

6.4.2　废气控制措施

南漪湖综合治理生态清淤试验工程施工期大气污染主要包括:土石方开挖扬尘、物料堆放区扬尘、交通扬尘、燃油废气和淤泥堆放产生的恶臭等。

(1)扬尘和燃油废气

经现场调研,项目区无土石方开挖,故无土石方开挖扬尘。深层疏浚的砂石料集中堆放在物料堆放区,采用洒水车对堆放区道路进行每日 3 次的洒水降尘(图 6.4-6)。运输砂石料过程中,运输车辆为封闭式车辆,车辆运输过程中无扬尘。车辆严格按照要求进行年检,符合车辆尾气排放标准。

(a)　　　　　　　　　　　　　　　(b)

图 6.4-6　洒水车现场洒水降尘

(2)淤泥恶臭

项目淤泥堆放区位于东风圩,周围 5km 内的环境保护目标主要为村庄等,周围

500m 内的主要村庄为金凤村和金山村(图 6.4-7),距离淤泥堆放区 200m 处有一养殖场。经走访调研,周边村民未发现淤泥恶臭现象,淤泥堆放区对周边环境受体基本无影响。

(a)临时堆放区周围 5km 主要环境风险受体分布　　(b)临时堆放区周围 500m 主要环境风险受体分布

图 6.4-7　淤泥堆放区周边环境风险受体分布

(出自《南漪湖综合治理生态清淤试验工程项目突发环境事件风险评估报告》,2023 年 7 月)

6.4.3　噪声控制措施

南漪湖综合治理生态清淤试验工程施工期噪声主要为表层底泥清淤及深层疏浚等施工过程中施工机械产生的噪声。施工机械包括疏浚船、运输船、砂石料运输车辆等。

(1)疏浚船及运输船

湖区疏浚船及运输船采用低噪声机械船只,在施工过程中施工单位设有专人对设备进行定期保养和维护,未出现设备故障导致噪声增强的现象。同时,湖区表层和深层疏浚施工均在昼间进行,未影响周边居民。运输船在运输深层疏浚砂石料时,采用湖内航道进行运输,停靠在东风圩湖岸,采用输送带(图 6.4-8)将运输船上的砂石料转运至砂石料临时堆放区,输送带工作时噪声较小,未影响周边居民。

(2)敏感点防护

在砂石料堆放区,项目现场对堆放区外围安装了围挡,用于降低噪声,围挡长度约 1.5km,降低了船只作业和砂石料运输车辆对周边居民的噪声影响。砂石料堆放区周边围挡见图 6.4-9。

（a）   （b）

图 6.4-8 运输船及砂石料输送带

（a）   （b）

图 6.4-9 砂石料堆放区周边围挡

6.4.4 固体废弃物控制措施

南漪湖综合治理生态清淤试验工程共疏浚土方 1637.11 万 m³。其中,深层疏浚料共 1389.38 万 m³,全部转化为建筑用材;表层淤泥疏浚 247.73 万 m³,主要用于湖区周边的矿坑复绿和固结土方资源化利用。截至 2024 年 1 月 9 日,表层淤泥疏浚 223255.1m³,深层疏浚料 992075m³。

淤泥临时堆放区会造成施工期间原有表层植被的生物量损失,但施工是暂时的,堆放区会随着施工结束而恢复原状,施工期间造成的植被损失量较小。根据对周边废旧矿山的调研,对南漪湖水泥厂和苏兴矿坑进行修复,建设单位已与苏兴矿坑相关单位签订了协议书,明确了将南漪湖综合治理生态清淤工程项目产生的淤泥用于苏兴矿坑复垦复绿。修复程序主要为矿坑排水→疏浚固结土填筑平整→表层 30cm 耕植土铺设→绿化种植。由于疏浚量较小,在淤泥临时堆放区进行表层淤泥固化,待固化量大时运至矿坑用于生态修复。

6.4.5　其他固体废弃物控制措施

施工期其他固体废弃物主要为施工营地产生的生活垃圾、船舶生活垃圾和机械维修产生的废油。

施工营地位于村庄,通过施工单位缴纳垃圾处理费,其产生的生活垃圾由村组统一收集和处理;施工单位项目部产生的生活垃圾则由狸桥镇环卫公司统一收集和处理。

船舶生活垃圾和机械维修产生的废油采用施工船舶上配备的有盖、不渗漏、不外溢的垃圾储存容器进行收集,由垃圾收集船[图 6.4-2(g)]定期收集。当项目全面开工时,垃圾收集船每周收集垃圾 1 次;部分开工时,垃圾收集船每 2～3 周收集垃圾 1次。同时,施工单位制定了垃圾收集船收集垃圾工作计划表。

6.4.6　船舶调度及风险防控措施

为保证项目施工顺利实施,施工单位制定了《船舶安全管理制度》,成立了安全生产委员会等,并在湖区航道内设置了安全警示标识标牌及监控设备(图 6.4-10)。

（a）

（b）

（c）

图 6.4-10　湖区航道内设置安全警示标识标牌及监控设备

6.5　生态环境保护措施综合评价

　　基于上述对南漪湖综合治理生态清淤试验工程各参建方生态环境保护管理措施及施工作业区生态环境保护措施进行的现场调研、统计归类与分析，各参建方按照《关于〈南漪湖综合治理生态清淤试验工程项目环境影响报告书〉的批复》，严格落实了水污染防治措施、大气污染防治措施、噪声污染防治措施、固体废弃物分类处置和综合利用措施、环境监测措施等，制定了详细周密的与项目施工过程中生态环境保护相关的管理文件、规章制度，并各自组建专班，严格落实施工过程中预防环境污染、生态破坏的各项制度和措施。对于施工作业区，施工单位积极对废水、废气、噪声、固体废弃物、其他固体废弃物及船舶调度与风险等采取控制措施，并及时组织各项措施落实，使得项目区水质、环境空气、噪声等各项指标均满足国家和行业标准。严格按照"三同时"制度，落实环境监测、环境管理等工作，在余水排放口自动进行水质监测，保证项目施工不对周边村庄及居民产生生态环境影响，满足《关于〈南漪湖综合治理生态清淤试验工程项目环境影响报告书〉的批复》的要求。

第7章 现状分析与影响评价

7.1 水下地形评估

7.1.1 测量技术

(1)RTK测量技术

RTK测量技术主要用于月度施工区域施工后的清淤土方计算。依据《卫星定位城市测量技术标准》(CJJ/T 73—2019)要求,RTK测图采用网络RTK,利用安徽省已建成的CORS系统服务器,通过基准转换,将测区内布置控制点(图7.1-1)转换数据计算参数,分区、分时段对施工作业区进行测量,每次观测前对仪器进行初始化,得到稳定固定解后开始测量,作业前后均进行已知控制点检核,平面位置误差均不大于2cm,高程误差不大于3cm。南漪湖测区水域水深为2~3m,普通的RTK测杆无法测量水深点,需采用RTK测杆的接杆来加长测杆测深能力。由于RTK测杆底部的尖头部分在测深时会测量部分淤泥厚度,因此在测深杆底部加装了一个托盘[图7.1-1(b)],使测深杆在测量时直接接触淤泥表层。

(2)多波束测深系统

水下地形测量是检测南漪湖清淤片疏浚情况的必要手段,是获取水下地形高程、估算清淤片湖区扩容的重要依据。采用多波束测深系统对试验区水下地形进行观测。该系统具有便携、高分辨率、高性能,配备高密度波束等优点,系统发射器具有纵摇稳定,接收器具有横摇补偿。

通过船载多波束测深系统对试验区水下地形进行测量,获取大量测点数据,并采用具有鲁棒性的空间自适应波束形成算法对数据进行滤波处理。测量船及多波束测深系统工作原理、技术路线见图7.1-2。

基于对多波束水下地形测量的滤波处理,生成数字高程模型(DEM)数据,采用ArcGIS对试验区的湖泊容积进行计算,并与施工前相关数据资料进行对比分析,评估南漪湖综合治理生态清淤试验区对湖库扩容的作用和效益。

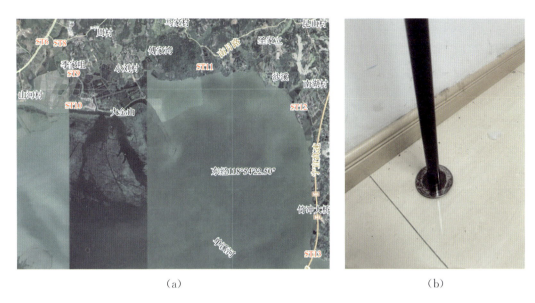

（a） （b）

图 7.1-1 控制点布设及测深杆底部托盘

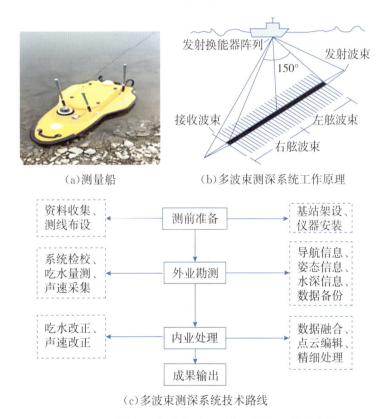

（a)测量船 （b)多波束测深系统工作原理

（c)多波束测深系统技术路线

图 7.1-2 测量船及多波束测深系统工作原理、技术路线

7.1.2 测量时间及区域

施工前及施工过程中采用 RTK 测量技术和多波束测深系统同时测量，2023 年 1

月开展南漪湖综合治理生态清淤试验工程施工前的水下地形测量,施工前的测量区域见图 7.1-3。2023 年 6—12 月对施工区域开展月度施工后的水下地形测量,月度施工后的测量区域见图 7.1-4。

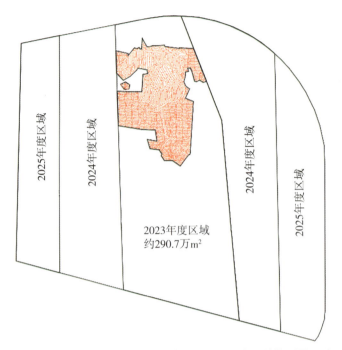

图 7.1-3　南漪湖综合治理生态清淤试验工程施工前的测量区域

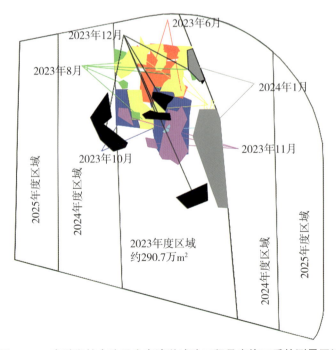

图 7.1-4　南漪湖综合治理生态清淤试验工程月度施工后的测量区域

7.1.3　月度清淤土方量评估

评估的清淤土方量为基于 RTK 测量的试验工程试验区月度施工清淤量。采用三角网的方法计算土方量,计算清淤前清淤到标高为 0m 的土方量与清淤后清淤到标高为 0m 的土方量,通过清淤前与清淤后的两次土方量相减得出施工区域内清淤土方量。

（1）2023 年 6 月清淤土方量评估

2023 年 6 月清淤范围有 2 处,分别为 Q1 和 Q2 区域,见图 7.1-5。清淤区初次测量完成时间为 7 月 5 日,清淤后测量完成时间为 8 月 5 日。Q1 区域清淤面积为 189783.0m²,Q2 区域清淤面积为 9880.3m²。通过三角网方法计算,Q1 区域清淤前的土方量为 $W_1 = 742037.33$m³,Q1 区域清淤后的土方量为 $W_2 = 729396.31$m³（图 7.1-6）;Q2 区域清淤前的土方量为 $W_3 = 45305.38$m³,Q2 区域清淤后的土方量为 $W_4 = 44503.90$m³（图 7.1-7）。6 月清淤的总土方量为 $W = W_1 - W_2 + W_3 - W_4 = 13442.50$m³。

两次测量范围由施工单位提供,严格按照提供的范围进行测量,2023 年 6 月共提供 2 个清淤区域,清淤范围在《水利部长江水利委员会行政许可决定》批复的坐标范围内,也在 2023 年度清淤范围内。

从两次数据对比分析可知,2023 年 6 月清淤面积为 199663.3m²,清淤总土方量为 13442.50m³。其中,Q1 区域清淤土方量为 12641.02m³,平均深度为 6.7cm;Q2 区域清淤土方量为 801.48m³,平均深度为 8.1cm。

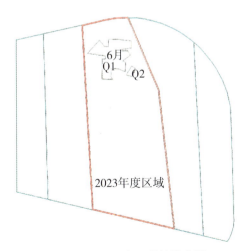

图 7.1-5　2023 年 6 月清淤范围

平场面积＝189783.0m²

最小高程＝1.323m

最大高程＝7.051m

平场标高＝0.000m

挖方量＝742037.33m³

填方量＝0.00m³

平场面积＝189783.0m²

最小高程＝1.794m

最大高程＝5.998m

平场标高＝0.000m

挖方量＝729396.31m³

填方量＝0.00m³

（a）Q1 区域清淤前土方量　　　　　　　　　（b）Q1 区域清淤后土方量

图 7.1-6　2023 年 6 月 Q1 区域清淤前后土方量(三角网法计算)

平场面积＝9880.3m²

最小高程＝3.117m

最大高程＝5.398m

平场标高＝0.000m

挖方量＝45305.38m³

填方量＝0.00m³

平场面积＝9880.3m²

最小高程＝2.702m

最大高程＝6.092m

平场标高＝0.000m

挖方量＝44503.90m³

填方量＝0.00m³

（a）Q2 区域清淤前土方量　　　　　　　　　（b）Q2 区域清淤后土方量

图 7.1-7　2023 年 6 月 Q2 区域清淤前后土方量(三角网法计算)

　　由于在第一次测量前,Q1 区域和 Q2 区域清淤工作已经接近尾声,因此两次数据变化较小,计算得出清淤土方量较小。

（2）2023 年 7 月清淤土方量评估

2023 年 7 月清淤范围有 3 处，分别为 Q1 区域、Q2 区域和 Q3 区域，见图 7.1-8。清淤区初次测量完成时间为 7 月 5 日，清淤后测量完成时间为 8 月 12 日。2023 年 7 月 3 个清淤区域与 2023 年 6 月清淤区域有重叠（图 7.1-8），清淤前未重叠区域的高程采用第一次测量的高程，重叠区域采用最近月清淤区范围清淤后的测量数据。Q1 区域清淤面积为 95063.20m²，与 6 月清淤区重叠的面积为 57949.47m²；Q2 区域清淤面积为 86257.90m²，与 6 月清淤区重叠的面积为 29299.72m²；Q3 区域清淤面积为 68104.70m²，与 6 月清淤区重叠的面积为 2034.93m²。

通过三角网方法计算，Q1 区域清淤前的土方量为 $W_1 = 386682.88m^3$，Q1 区域清淤后的土方量为 $W_2 = 346442.96m^3$（图 7.1-9）；Q2 区域清淤前的土方量为 $W_3 = 392436.53m^3$，Q2 区域清淤后的土方量为 $W_4 = 321718.00m^3$（图 7.1-10）；Q3 区域清淤前的土方量为 $W_5 = 336266.02m^3$，Q3 区域清淤后的土方量为 $W_6 = 286312.59m^3$（图 7.1-11）；7 月清淤的总土方量为 $W = W_1 - W_2 + W_3 - W_4 + W_5 - W_6 = 160911.88m^3$。

两次测量范围由施工单位提供，严格按照提供范围进行测量，2023 年 7 月共提供 3 个清淤区域，清淤范围在《水利部长江水利委员会行政许可决定》批复的坐标范围内，也在 2023 年度清淤范围内。

从两次数据对比分析可知，2023 年 7 月清淤面积为 249425.8m²，清淤总土方量为 160911.88m³。其中，Q1 区域清淤土方量为 40239.92m³，平均深度为 42.3cm；Q2 区域清淤土方量为 70718.53m³，平均深度为 82cm，Q3 区域清淤土方量为 49953.43m³，平均深度为 73.3cm。

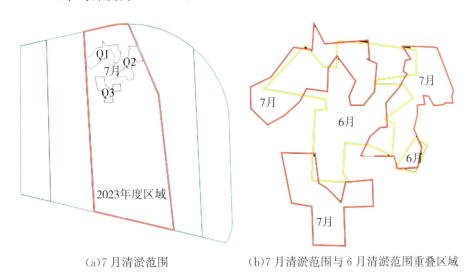

(a)7 月清淤范围　　　　　　(b)7 月清淤范围与 6 月清淤范围重叠区域

图 7.1-8　2023 年 7 月清淤范围及其与 6 月清淤范围重叠区域

平场面积=95063.2m²

最小高程=2.131m

最大高程=6.448m

平场标高=0.000m

挖方量=386682.88m³

填方量=0.00m³

（a）Q1区域清淤前土方量

平场面积=95063.2m²

最小高程=1.558m

最大高程=5.318m

平场标高=0.000m

挖方量=346442.96m³

填方量=0.00m³

（b）Q1区域清淤后土方量

图 7.1-9　2023 年 7 月 Q1 区域清淤前后土方量（三角网法计算）

平场面积=86230.4m²

最小高程=2.162m

最大高程=6.129m

平场标高=0.000m

挖方量=392436.53m³

填方量=0.00m³

（a）Q2区域清淤前土方量

平场面积=86257.9m²

最小高程=1.325m

最大高程=6.535m

平场标高=0.000m

挖方量=321718.00m³

填方量=0.00m³

（b）Q2区域清淤后土方量

图 7.1-10　2023 年 7 月 Q2 区域清淤前后土方量（三角网法计算）

平场面积=68104.7m²

最小高程=2.913m

最大高程=5.922m

平场标高=0.000m

挖方量=336266.02m³

填方量=0.00m³

（a）Q3 区域清淤前土方量

平场面积=68104.7m²

最小高程=1.987m

最大高程=5.286m

平场标高=0.000m

挖方量=286312.59m³

填方量=0.00m³

（b）Q4 区域清淤后土方量

图 7.1-11　2023 年 7 月 Q3 区域清淤前后土方量（三角网法计算）

（3）2023 年 8 月清淤土方量评估

2023 年 8 月清淤范围有 5 处，分别为 Q1 区域、Q2 区域、Q3 区域、Q4 区域和 Q5 区域，见图 7.1-12。清淤区初次测量完成时间为 7 月 5 日，清淤后测量完成时间为 9 月 24 日。5 个清淤区与 6—7 月清淤区有大部分重叠（图 7.1-12），清淤前未重叠区域的高程采用第一次测量的高程，重叠区域采用最近月清淤区范围清淤后的测量数据。Q1 区域清淤面积为 28646.00m²，与 7 月清淤区重叠的面积为 17356.73m²；Q2 区域清淤面积为 4634.20m²，与 6 月和 7 月清淤区重叠的面积为 0.00m²；Q3 区域清淤面积为 28210.50m²，与 7 月清淤区重叠的面积为 21316.35m²；Q4 区域清淤面积为 42626.10m²，与 7 月清淤区重叠的面积为 18349.71m²，与 6 月清淤区重叠的面积为 23723.02m²；Q5 区域清淤面积为 18542.80m²，与 7 月清淤区重叠的面积为 7078.64m²。

通过三角网法计算，Q1 区域清淤前的土方量为 $W_1 = 126133.41$m³，Q1 区域清淤后的土方量为 $W_2 = 113187.78$m³（图 7.1-13）；Q2 区域清淤前的土方量为 $W_3 = 25044.46$m³，Q2 区域清淤后的土方量为 $W_4 = 20806.14$m³（图 7.1-14）；Q3 区域清淤前的土方量为 $W_5 = 116672.01$m³，Q3 区域清淤后的土方量为 $W_6 = 105752.73$m³（图 7.1-15）；Q4 区域清淤前的土方量为 $W_7 = 151244.30$m³，Q4 区域清淤后的土方量为 $W_8 = 120355.69$m³（图 7.1-16）；Q5 区域清淤前的土方量为 $W_9 = 86884.09$m³，

Q5 区域清淤后的土方量为 $W_{10}=78245.47\mathrm{m}^3$（图 7.1-17）。8 月清淤的总土方量为 $W=W_1-W_2+W_3-W_4+W_5-W_6+W_7-W_8+W_9-W_{10}=67630.46\mathrm{m}^3$。

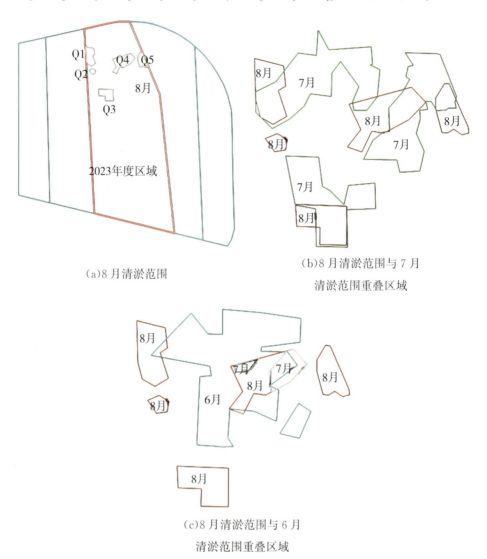

（a）8 月清淤范围

（b）8 月清淤范围与 7 月
清淤范围重叠区域

（c）8 月清淤范围与 6 月
清淤范围重叠区域

图 7.1-12　2023 年 8 月清淤范围及其与 6—7 月清淤范围重叠区域

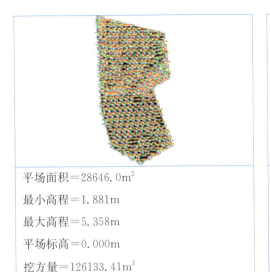

平场面积＝28646.0m²

最小高程＝1.881m

最大高程＝5.358m

平场标高＝0.000m

挖方量＝126133.41m³

填方量＝0.00m³

（a）Q1 区域清淤前土方量

平场面积＝28646.0m²

最小高程＝1.515m

最大高程＝5.353m

平场标高＝0.000m

挖方量＝113187.78m³

填方量＝0.00m³

（b）Q1 区域清淤后土方量

图 7.1-13　2023 年 8 月 Q1 清淤前后土方量计算（三角网法计算）

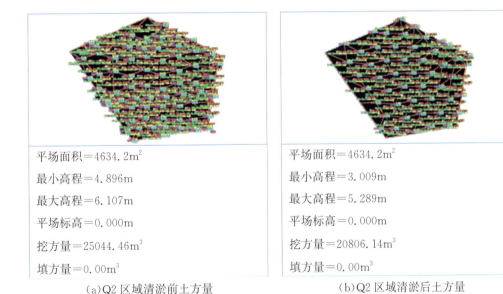

平场面积＝4634.2m²

最小高程＝4.896m

最大高程＝6.107m

平场标高＝0.000m

挖方量＝25044.46m³

填方量＝0.00m³

（a）Q2 区域清淤前土方量

平场面积＝4634.2m²

最小高程＝3.009m

最大高程＝5.289m

平场标高＝0.000m

挖方量＝20806.14m³

填方量＝0.00m³

（b）Q2 区域清淤后土方量

图 7.1-14　2023 年 8 月 Q2 区域清淤前后土方量（三角网法计算）

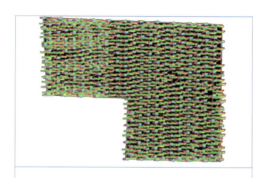

平场面积＝28210.5m²

最小高程＝2.993m

最大高程＝5.177m

平场标高＝0.000m

挖方量＝116672.01m³

填方量＝0.00m³

（a）Q3 区域清淤前土方量

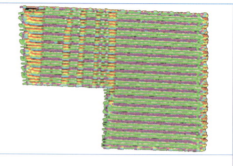

平场面积＝28210.5m²

最小高程＝2.332m

最大高程＝5.103m

平场标高＝0.000m

挖方量＝105752.73m³

填方量＝0.00m³

（b）Q3 区域清淤后土方量

图 7.1-15　2023 年 8 月 Q3 区域清淤前后土方量(三角网法计算)

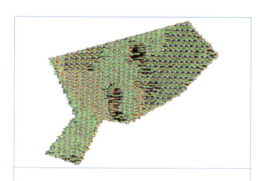

平场面积＝42626.1m²

最小高程＝1.325m

最大高程＝5.858m

平场标高＝0.000m

挖方量＝151244.30m³

填方量＝0.00m³

（a）Q4 区域清淤前土方量

平场面积＝42626.1m²

最小高程＝1.279m

最大高程＝5.602m

平场标高＝0.000m

挖方量＝120355.69m³

填方量＝0.00m³

（b）Q4 区域清淤后土方量

图 7.1-16　2023 年 8 月 Q4 区域清淤前后土方量(三角网法计算)

平场面积＝18542.8m²

最小高程＝3.085m

最大高程＝6.107m

平场标高＝0.000m

挖方量＝86884.09m³

填方量＝0.00m³

（a）Q5 区域清淤前土方量

平场面积＝18542.8m²

最小高程＝1.316m

最大高程＝5.636m

平场标高＝0.000m

挖方量＝78245.47m³

填方量＝0.00m³

（b）Q5 区域清淤后土方量

图 7.1-17　2023 年 8 月 Q5 清淤前后土方量计算（三角网法计算）

　　两次测量范围由施工单位提供，严格按照范围进行测量，2023 年 8 月共提供 5 个清淤区域，清淤范围在《水利部长江水利委员会行政许可决定》批复的坐标范围内，也在 2023 年度清淤范围内。

　　从两次数据对比分析可知，2023 年 8 月清淤面积为 122659.6m²，清淤总土方量为 67630.46m³。其中，Q1 区域清淤土方量为 12945.63 m³，平均深度为 45cm，Q2 区域清淤土方量为 4238.32m³，平均深度为 91cm，Q3 区域清淤土方量为 10919.28m³，平均深度为 39cm，Q4 区域清淤土方量为 30888.61m³，平均深度为 72cm，Q5 区域清淤土方量为 8638.62m³，平均深度为 46cm。

　　（4）2023 年 9 月清淤土方量评估

　　2023 年 9 月清淤范围有 1 处，见图 7.1-18。清淤区初次测量完成时间为 7 月 5 日，清淤后测量完成时间为 10 月 19 日。通过三角网法计算，清淤前的土方量为 $W_1 = 12301.29m³$；清淤后的土方量为 $W_2 = 10134.23m³$（图 7.1-19），9 月清淤的总土方量为 $W = W_1 - W_2 = 2167.06m³$。

　　两次测量范围由施工单位提供，严格按照范围进行测量，9 月共提供 1 处清淤区域，清淤范围在《水利部长江水利委员会行政许可决定》批复的坐标范围内，也在 2023 年度清淤范围内。

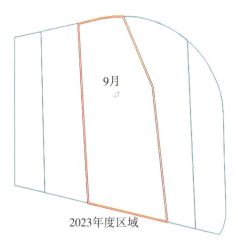

图 7.1-18　2023 年 9 月清淤范围

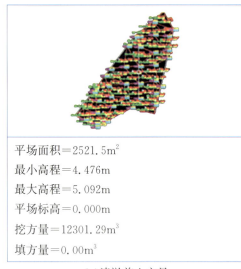

平场面积＝2521.5m²	平场面积＝2521.5m²
最小高程＝4.476m	最小高程＝2.231m
最大高程＝5.092m	最大高程＝4.935m
平场标高＝0.000m	平场标高＝0.000m
挖方量＝12301.29m³	挖方量＝10134.25m³
填方量＝0.00m³	填方量＝0.00m³
(a)清淤前土方量	(b)清淤后土方量

图 7.1-19　2023 年 9 月清淤前后土方量(三角网法计算)

从两次数据对比分析可知,2023 年 9 月清淤面积为 2521.5m²,清淤总土方量为 2167.06m³,平均深度为 85.9cm。

(5)2023 年 10 月清淤土方量评估

2023 年 10 月清淤范围有 2 处,分别为 Q1 区域和 Q2 区域,见图 7.1-20。清淤区初次测量完成时间为 7 月 5 日,清淤后测量完成时间为 11 月 14 日。10 月 2 处清淤区与 6—9 月清淤区有部分重叠(图 7.1-20),清淤前未重叠区域的高程采用第一次测量的高程,重叠区域采用最近月清淤区范围清淤后的测量数据。Q1 区域清淤面积为 65608.30m²,与 6 月和 9 月清淤区无重叠部分,与 8 月清淤区重叠的面积为 3944.42m²,与 7 月清淤区重叠的面积为 3734.4m²;Q2 区域清淤面积为

226367.6m²，与 9 月清淤区重叠的面积为 2521.51m²，与 8 月清淤区重叠的面积为 871.73m²，与 7 月清淤区重叠的面积为 16026.38m²，与 6 月清淤区重叠的面积为 4084.91m²。

通过三角网法计算，Q1 区域清淤前的土方量为 $W_1 = 320175.04\text{m}^3$，Q1 区域清淤后的土方量为 $W_2 = 272156.15\text{m}^3$（图 7.1-21）；Q2 区域清淤前的土方量为 $W_3 = 1076776.56\text{m}^3$，Q2 区域清淤后的土方量为 $W_4 = 959623.54\text{m}^3$（图 7.1-22）。10 月清淤的总土方量为 $W = W_1 - W_2 + W_3 - W_4 = 165171.91\text{m}^3$。

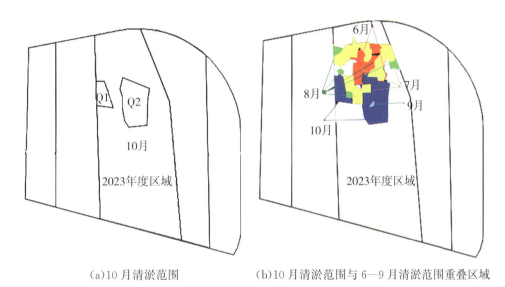

（a）10 月清淤范围　　　　（b）10 月清淤范围与 6—9 月清淤范围重叠区域

图 7.1-20　2023 年 10 月清淤范围及其与 6—9 月清淤范围重叠区域

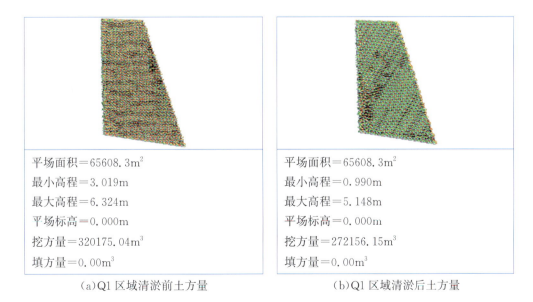

平场面积＝65608.3m²
最小高程＝3.019m
最大高程＝6.324m
平场标高＝0.000m
挖方量＝320175.04m³
填方量＝0.00m³

平场面积＝65608.3m²
最小高程＝0.990m
最大高程＝5.148m
平场标高＝0.000m
挖方量＝272156.15m³
填方量＝0.00m³

（a）Q1 区域清淤前土方量　　　　（b）Q1 区域清淤后土方量

图 7.1-21　2023 年 10 月 Q1 区域清淤前后土方量（三角网法计算）

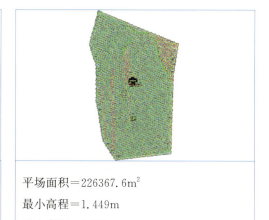

平场面积＝226367.6m²

最小高程＝0.764m

最大高程＝7.290m

平场标高＝0.000m

挖方量＝1076776.56m³

填方量＝0.00m³

（a）Q2区域清淤前土方量

平场面积＝226367.6m²

最小高程＝1.449m

最大高程＝5.340m

平场标高＝0.000m

挖方量＝959623.54m³

填方量＝0.00m³

（b）Q2区域清淤后土方量

图7.1-22 2023年10月Q2区域清淤前后土方量(三角网法计算)

两次测量范围由施工单位提供,严格按照范围进行测量,10月共提供2个清淤区域,清淤范围在《水利部长江水利委员会行政许可决定》批复的坐标范围内,也在2023年度清淤范围内。

从两次数据对比分析可知,2023年10月清淤面积为291975.9m²,清淤总土方量为165171.91m³。其中,Q1区域清淤土方量为48018.89m³,平均深度为73.19cm,Q2区域清淤土方量为117153.02m³,平均深度为51.75cm。

（6）2023年11月清淤土方量评估

2023年11月清淤范围有3处,分别为Q1区域、Q2区域和Q3区域,见图7.1-23。清淤区初次测量完成时间为7月5日,清淤后测量完成时间为12月13日。11月3个清淤区域与6—10月的清淤区域有部分重叠(图7.1-23),清淤前未重叠区域的高程采用第一次测量的高程,重叠区域采用最近月清淤区范围清淤后的测量数据。11月与10月清淤区有重叠区域,与其他月份没有重叠区域。Q1区域清淤面积为13858.8m²,与10月清淤区重叠的面积为13858.8m²;Q2区域清淤面积为8338.2m²,与10月清淤区重叠的面积为311.87m²;Q3区域清淤面积为108849.8m²,与10月清淤区重叠的面积为94980.65m²。

通过三角网法计算,Q1区域清淤前的土方量为$W_1＝53631.49m³$,Q1区域清淤后的土方量为$W_2＝53478.87m³$(图7.1-24);Q2区域清淤前的土方量为$W_3＝40594.42m³$,Q2区域清淤后的土方量为$W_4＝38624.27m³$(图7.1-25);Q3区域清淤

前的土方量为 $W_5 = 479688.31\text{m}^3$，Q3 区域清淤后的土方量为 $W_6 = 471475.18\text{m}^3$（图 7.1-26）。11 月清淤的总土方量为 $W = W_1 - W_2 + W_3 - W_4 + W_5 - W_6 = 10335.90\text{m}^3$。

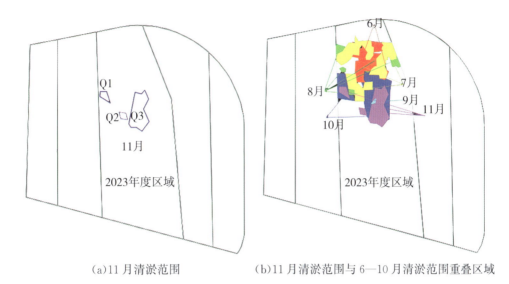

(a)11 月清淤范围　　　　　(b)11 月清淤范围与 6—10 月清淤范围重叠区域

图 7.1-23　2023 年 11 月清淤范围及与 6—10 月清淤范围重叠区域

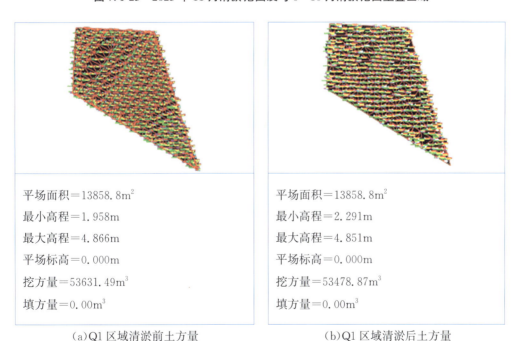

(a)Q1 区域清淤前土方量　　　　　(b)Q1 区域清淤后土方量

图 7.1-24　2023 年 11 月 Q1 区域清淤前后土方量(三角网法计算)

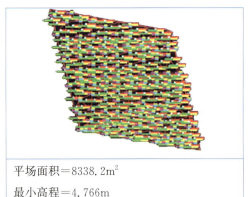
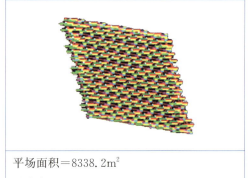

平场面积=8338.2m²

最小高程=4.766m

最大高程=4.984m

平场标高=0.000m

挖方量=40594.42m³

填方量=0.00m³

平场面积=8338.2m²

最小高程=3.363m

最大高程=4.905m

平场标高=0.000m

挖方量=38624.27m³

填方量=0.00m³

（a）Q2区域清淤前土方量　　　　　　　　　（b）Q2区域清淤后土方量

图7.1-25　2023年11月Q2区域清淤前后土方量（三角网法计算）

平场面积=108849.8m²

最小高程=1.966m

最大高程=5.310m

平场标高=0.000m

挖方量=479688.31m³

填方量=0.00m³

平场面积=108849.9m²

最小高程=1.199m

最大高程=5.419m

平场标高=0.000m

挖方量=471475.18m³

填方量=0.00m³

（a）Q3区域清淤前土方量　　　　　　　　　（b）Q3区域清淤后土方量

图7.1-26　2023年11月Q3清淤前后土方量（三角网法计算）

　　两次测量范围施工单位提供，严格按照范围进行测量，11月共提供3个清淤区域，清淤范围在《水利部长江水利委员会行政许可决定》批复的坐标范围内，也在2023年度清淤范围内。

　　从两次数据对比分析可知，2023年11月清淤面积为131046.8m²，清淤总土方量为10335.9m³。其中，Q1区域清淤土方量为152.62m³，平均深度为1.1cm；Q2区域清淤土方量为 1970. 15m³，平均深度为 23. 62cm；Q3 区域清淤土方量为 8213. 13m³，平均深度为 7. 55cm。

(7)2023 年 12 月清淤土方量评估

2023 年 12 月清淤范围有 5 处，分别为 Q1 区域、Q2 区域、Q3 区域、Q4 区域和 Q5 区域，见图 7. 1-27。清淤区初次测量完成时间为 7 月 5 日，清淤后测量完成时间为 2024 年 1 月。12 月 5 个清淤区与 6—11 月清淤区有部分重叠(图 7. 1-27)，清淤前未重叠区域的高程采用第一次测量的高程，重叠区域采用最近月清淤区范围清淤后的测量数据。12 月清淤区与 11 月重叠区域的面积为 1812. 4m²，与 10 月清淤区重叠区域的面积为 29057. 55m²，与 8 月重叠区域的面积为 10392. 5m²，与 6 月、7 月、9 月无重叠区域。

通过三角网法计算，Q1 区域清淤前的土方量为 $W_1 = 368888. 29m³$，Q1 区域清淤后的土方量为 $W_2 = 346947. 36m³$(图 7. 1-28)；Q2 区域清淤前的土方量为 $W_3 = 73733. 34m³$，Q2 区域清淤后的土方量为 $W_4 = 72562. 71m³$(图 7. 1-29)；Q3 区域清淤前的土方量为 $W_5 = 68179. 07m³$，Q3 区域清淤后的土方量为 $W_6 = 64162. 93m³$(图 7. 1-30)；Q4 区域清淤前的土方量为 $W_7 = 25347. 83m³$，Q4 区域清淤后的土方量为 $W_8 = 23146. 86m³$(图 7. 1-31)；Q5 区域清淤前的土方量为 $W_9 = 206601. 06m³$，Q5 区域清淤后的土方量为 $W_{10} = 194680. 75m³$(图 7. 1-32)。12 月清淤的总土方量为 $W = W_1 - W_2 + W_3 - W_4 + W_5 - W_6 + W_7 - W_8 + W_9 - W_{10} = 41248. 98m³$。

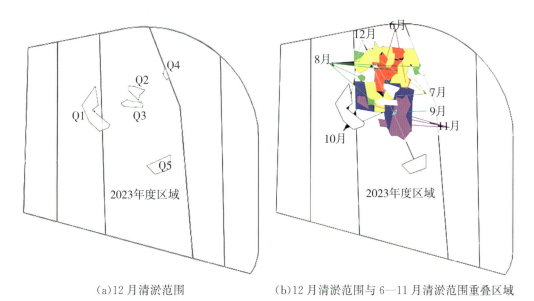

(a)12 月清淤范围　　　　(b)12 月清淤范围与 6—11 月清淤范围重叠区域

图 7. 1-27　2023 年 12 月清淤范围及其与 6—11 月清淤范围重叠区域

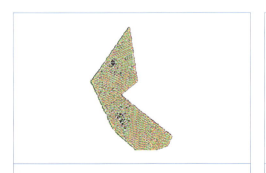

平场面积＝82960.0m²

最小高程＝2.225m

最大高程＝5.511m

平场标高＝0.000m

挖方量＝368888.29m³

填方量＝0.00m³

（a）Q1区域清淤前土方量

平场面积＝82960.0m²

最小高程＝1.740m

最大高程＝5.550m

平场标高＝0.000m

挖方量＝346947.36m³

填方量＝0.00m³

（b）Q1区域清淤后土方量

图 7.1-28　2023 年 12 月 Q1 区域清淤前后土方量(三角网法计算)

平场面积＝19680.5m²

最小高程＝1.917m

最大高程＝5.340m

平场标高＝0.000m

挖方量＝73733.34m³

填方量＝0.00m³

（a）Q2区域清淤前土方量

平场面积＝19680.5m²

最小高程＝1.832m

最大高程＝5.075m

平场标高＝0.000m

挖方量＝72562.71m³

填方量＝0.00m³

（b）Q2区域清淤后土方量

图 7.1-29　2023 年 12 月 Q2 区域清淤前后土方量(三角网法计算)

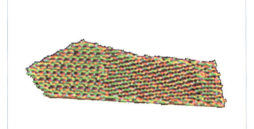

平场面积＝17675.3m²

最小高程＝1.891m

最大高程＝4.960m

平场标高＝0.000m

挖方量＝68179.07m³

填方量＝0.00m³

（a）Q3 区域清淤前土方量

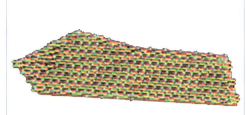

平场面积＝17675.3m²

最小高程＝1.591m

最大高程＝4.822m

平场标高＝0.000m

挖方量＝64162.93m³

填方量＝0.00m³

（b）Q3 区域清淤后土方量

图 7.1-30　2023 年 12 月 Q3 区域清淤前后土方量(三角网法计算)

平场面积＝5156.9m²

最小高程＝3.236m

最大高程＝5.636m

平场标高＝0.000m

挖方量＝25347.33m³

填方量＝0.00m³

（a）Q4 区域清淤前土方量

平场面积＝5156.9m²

最小高程＝2.885m

最大高程＝5.095m

平场标高＝0.000m

挖方量＝23146.86m³

填方量＝0.00m³

（b）Q4 区域清淤后土方量

图 7.1-31　2023 年 12 月 Q4 区域清淤前后土方量(三角网法计算)

平场面积＝42173.6m²

最小高程＝4.460m

最大高程＝4.992m

平场标高＝0.000m

挖方量＝206601.06m³

填方量＝0.00m³

平场面积＝42713.6m²

最小高程＝2.825m

最大高程＝4.928m

平场标高＝0.000m

挖方量＝194680.75m³

填方量＝0.00m³

（a）Q5 区域清淤前土方量　　　　　　　　　（b）Q5 区域清淤后土方量

图 7.1-32　2023 年 12 月 Q5 区域清淤前后土方量（三角网法计算）

两次测量范围由施工单位提供，严格按照范围进行测量，12 月共提供 5 个清淤区域，清淤范围在《水利部长江水利委员会行政许可决定》批复的坐标范围内，也在 2023 年度清淤范围内。

从两次数据对比分析可知，2023 年 12 月的清淤面积为 168186.3m²，清淤总土方量为 41248.98m³。其中，Q1 区域清淤土方量为 21940.93m³，平均深度为 26.4cm；Q2 区域清淤方量为 1170.63m³，平均深度为 5.9cm；Q3 区域清淤土方量为 4016.14m³，平均深度为 22.7cm；Q4 区域清淤土方量为 2200.97m³，平均深度为 42.6cm；Q5 区域清淤土方量为 11920.31m³，平均深度为 27.9cm。

2023 年南漪湖综合治理生态清淤试验区各月清淤情况见表 7.1-1。

表 7.1-1　　　　　　　2023 年南漪湖综合治理生态清淤试验区各月清淤情况

月份	清淤面积/m²	清淤土方量/m³	平均深度/cm
6	199663.30	13442.50	6.70（Q1 区域）
			8.10（Q2 区域）
7	249425.80	160911.88	42.30（Q1 区域）
			82.00（Q2 区域）
			73.30（Q3 区域）

月份	清淤面积/m²	清淤土方量/m³	平均深度/cm
8	122659.60	67630.46	453.00（Q1 区域）
			91.00（Q2 区域）
			39.00（Q3 区域）
			72.00（Q4 区域）
			46.00（Q5 区域）
9	2167.06	2521.50	85.90
10	291975.90	165171.91	73.19（Q1 区域）
			51.75（Q2 区域）
11	131046.80	10335.90	1.10（Q1 区域）
			23.62（Q2 区域）
			7.55（Q3 区域）
12	168186.30	41248.98	26.40（Q1 区域）
			5.90（Q2 区域）
			22.70（Q3 区域）
			42.60（Q4 区域）
			27.90（Q5 区域）

7.1.4　2023 年清淤土方量评估

施工单位在整理历次测量数据时发现,部分区域施工后实时测量高程与施工后 6个月的复测高程相比出现明显升高,说明该区域在完成疏浚后,附近无效清淤区的湖底淤泥受水流影响而向有效清淤区域缓慢回淤。对比复核及现场测量发现,最大疏浚后回淤高程超 2.08m,平均回淤厚度为 10～20cm。

经施工单位核实,2023 年 6—12 月累计清淤面积为 1165124.76m²,重叠面积合计为 282553.08m²。受前期地勘及湖区砂层存在夹粉质黏土等因素影响,部分区域在进行疏浚时无法正常开采深层疏浚料,湖底地形未发生变化。该部分区域虽在《长江水利委员会行政许可决定》批复的坐标范围内,但应定为无效清淤区域(现行的清淤方式无法有效完成该区域的清淤工作,后续应根据其实际地形特征单独进行分析,明确合适的施工方式进行清淤)。该部分无效清淤面积为 260636.37m²,因此,2023年 6—12 月有效清淤面积为 621935.31m²。

2023 年 12 月 31 日,施工单位对 2023 年已清淤区域进行了水下地形测量(图 7.1-33 和图 7.1-34),根据已清淤区域湖底高程数据,采用方格网计算得到 2023年累计清淤土方量为 585879.2m³。基于 2023 年有效清淤面积及累计清淤土方量,计算得到 2023 年平均清淤深度为 94.20cm。考虑到工后地形回淤（平均回淤厚度为 10～20cm），2023 年实际平均清淤深度超过 1m。

值得一提的是，虽然在考虑回淤的前提下通过月度和年度水下地形测量数据计算得到了试验区平均清淤深度，但计算出的清淤总土方量包括表层淤泥累积疏浚量及深层疏浚层上覆底泥夹层沉降引起的湖区扩容量，计算出的平均清淤深度包括表层清淤厚度和深层疏浚层上覆底泥夹层沉降量，2023 年 12 月测定的平均清淤深度并不能反映评估阶段深层疏浚层上覆底泥夹层沉降量。因此，此次评估阶段对疏浚区域开展水下地层钻孔勘察（见 3.2 节），明确 2023 年 12 月试验清淤区域深层疏浚层上覆底泥夹层沉降情况。

说明：

1. 清淤时间为 2023 年 6—12 月；

2. 阴影部分为无效清淤区域；

3. 清淤面积为 882571.68m²，其中有效清淤区域为 621935.31m²，无效清淤区域 260636.37m²。

图 7.1-33　2023 年 6—12 月有效清淤区域及无效清淤区域

说明：

1. 清淤总面积为 882571.68m²；

2. 清淤总土方量为 585879.2m³。

图 7.1-34　2023 年 6—12 月清淤总面积及清淤总土方量方格网计算结果

7.1.5　试验区湖泊容积分析

（1）湖泊容积计算原理

此次评估阶段湖泊容积计算采用各月多波束测深系统测量拼接数据（即各月施工完工后测量的数据），生成 DEM 数据后开展计算。施工区湖泊容积计算的目标在于准确计算出试验工程表层和深层疏浚后的疏浚方量及深层疏浚层的沉积厚度，为河湖清淤及湖泊容积提升提供准确的基础数据。施工区湖泊容积计算的关键在于对现状地形和疏浚后地形的表述。DEM 是数字地面模型（DTM）的一种，是以数字形式按一定结构组织在一起，表示实际地形高低起伏和地形大小特征的空间分布模型。

ArcGIS 计算施工区湖泊容积以 DEM 为基础，通过疏浚前后模型叠加分析，计算出填挖边界,再对每一个区域通过多次建模求体积差来统计每一个开挖区域的疏浚方量,最后统计分析出整个工程的疏浚方量。

1)水下地形数据转换

基于水下地形测量,获取试验工程施工区施工前后的湖底高程,将施工前后的湖底高程转换为 TIF 格式的带高程的图片。

2)疏浚前后 TIN 建立

在将水深数据导入 ArcMap 后,可以通过 Display XY Data 将坐标及水深展开。接着,多数工作者利用 ArcMap 软件中的三维分析模块,根据疏浚前后的水深点的高程信息分别建立 TIN 模型;启动 ArcMap 系统中的 3D Analyst/Data Management/Create TIN 模块,分别生成疏浚前后的 TIN 模型。

3)疏浚前后 DEM 建立

在将疏浚前后 TIN 模型建好后,利用 ArcMap 系统中的三维分析模块,根据疏浚前后水深点的 TIN 模型建立 DEM 模型;启动 ArcMap 系统中的 3D Analyst/Conversion/from TIN/TIN to Rast 模块,分别生成疏浚前后的 DEM 模型。将生成的 DEM 在 ArcScene 中展开,在 ArcScene 系统中,Layer Propertres 将 Base Heights 中 Elevation from Feature 的系数适度提高。

在 ArcScene 中,加载疏浚区域 DEM 模型,可以直观地观察到试验工程施工区域水下地形地貌情况,为疏浚施工中直观显示水底地表的地形地貌提供了一种很好的可视化方法,可有效提高疏浚效率。

4)多波束数据插值计算

多波束数据能反映全覆盖的水下地形,但实际测量中会出现漏测小范围区域、内业资料误删等情况,致使数据完整性下降。传统多波束测深采用人工插值或其他插值方法进行优化,可通过 ArcGIS 插值数据功能进行多波束数据分析。

ArcGIS 插值数据在插值后既能输出二维 DEM 数据,又能利用栅格转点功能提取格网数据。具体方法如下:启动 Conversion Tools/from Raster/Raster to Point,将插值后的栅格数据导入,即可输出同栅格网格像元大小正相关的点云数据。由于该点云数据点提取方法仅能提取高程数据,因此其属性中没有坐标数据,需要添加两列坐标数据菜单,随后通过几何工具将坐标数据提取出来。该点云数据的密度大小取决于插值数据的栅格像元大小,该方法可将原始数据抽稀或加密,可根据需求点云数据点间距来设置插值像元间距。例如,将原始多波束数据(12m 间距的点云数据)加密为 7m 间距的格网数据,并将加密成果展现在 CASS 软件中。

5)施工区湖泊容积计算及表层疏浚及深层疏浚评估

通过 ArcGIS 三维分析模块,分别建立试验工程疏浚前后的 DEM 模型,利用

ArcMap 系统的 3D Analyst/Surface Analysis/Cut Fill 模块,将疏浚前 DEM 和疏浚后 DEM 进行叠加,识别出疏浚区域内的填挖分界线。最终将疏浚前水下表面和疏浚后水下表面分割成三个区域(开挖、回填和不挖不填区域),并分别用不同颜色显示净填方、不挖不填、净挖方的数据。

(2)试验区湖泊容积分析

施工前后试验区水下地形 DEM 见图 7.1-35 和图 7.1-36。图中 DEM 为测量时湖水水位与水深的差值。为了更精确地分析试验区湖泊容积变化情况,施工前后试验区需保持一致,由南漪湖综合治理生态清淤试验工程施工前后水下地层测量区域可知,截至 2023 年 11 月,各月拼接而成的施工后区域与施工前测量区域基本一致。因此,此次评估阶段试验区湖泊容积变化情况的时间节点为 2023 年 12 月 13 日(即 2023 年 11 月 RTK 测量时间)。

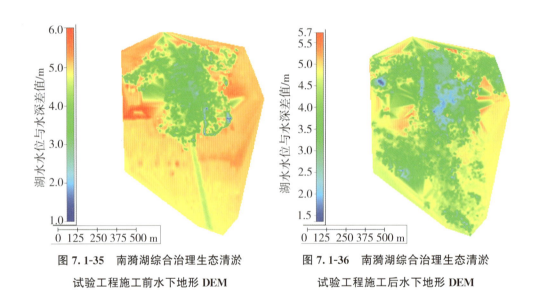

图 7.1-35　南漪湖综合治理生态清淤试验工程施工前水下地形 DEM　　　图 7.1-36　南漪湖综合治理生态清淤试验工程施工后水下地形 DEM

从图 7.1-35 和图 7.1-36 可以看出,试验工程施工后,湖底高程发生了明显变化,其中施工后的湖底高程明显降低。对施工前后 DEM 进行叠加计算,得到南漪湖综合治理生态清淤试验工程施工区的湖泊容积增加量,为 507332.73m³。

2023 年 12 月 31 日,施工单位对 2023 年已清淤区域进行了水下地形测量,根据已清淤区域湖底高程数据,采用方格网计算得到 2023 年累计清淤量为 585879.2m³,该数据为截至 2023 年 12 月 31 日的湖泊容积增加量。通过对比分析基于 RTK 和基于多波束测深系统测算的湖泊容积增加量可知,两者误差为 15.48%。

7.2　试验区土层沉降评估

南漪湖综合治理生态清淤试验工程深层疏浚在湖底以下 14.4m，水下地形测量手段无法获取深层疏浚情况。同时，深层疏浚层厚 1.8m，疏浚物质为褐黄色砾质粗砂，深层疏浚层上方土层包括淤泥质粉质黏土层和含少量砾的粉质黏土层，厚度约 14.4m，深层疏浚层上覆土层黏性较大、透水性差。当深层疏浚结束后，其上覆土层在水压和自重作用下能否沉降 1.8m，是清淤工程实施过程中南漪湖容积能否扩大、水深能否增加、湖泊水环境容量能否增大的关键。因此，需要采用钻孔勘探法对底泥夹层沉降情况进行评估。

7.2.1　湖区水下地层钻孔勘察

勘察资料由施工单位提供，包括建筑场地总平面图 1 张，比例尺为 1∶50000，图注试验工程位置、范围等。高程系统采用 2000 国家大地坐标系和 1985 国家高程基准。

根据该工程实际情况，采用了钻探、标准贯入试验及土工试验等手段，共布置钻探孔 8 个，勘察点间距及深度满足有关规范、规程的要求。外业施工采用 XY-150 型工程钻机；勘察孔采用 Φ110 管形钻泥浆护壁钻进方式；黏土层、砂层、岩层采用标准贯入试验；取土样采用重锤少击法，取岩样采用钻芯法，采用 Φ89 岩芯管（内径为 74mm）取样。

湖区水下地层钻孔勘察总进尺 215.32m，其中，综合孔（原位试验＋取样）3 个，原位试验孔 2 个，取样孔 2 个，共进行标准贯入试验 55 次，取原状土样 35 组，扰动土样 15 组，岩样 7 组。现场钻孔分布（断面 1-1′和断面 2-2′）及初步设计阶段钻孔分布（断面 SJ11-SJ11′和断面 SJ12-SJ12′）见图 7.2-1，现场钻孔及岩芯情况见图 7.2-2。

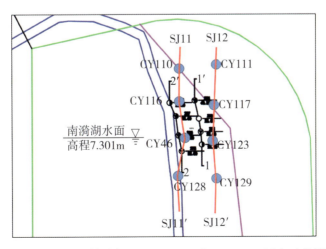

说明：断面 1-1′和 2-2′为施工后钻孔断面，SJ11-SJ11′和 SJ12-SJ12′为初步设计阶段钻孔断面。

图 7.2-1　南漪湖综合治理生态清淤试验工程钻孔分布

(a)钻机结构

(b)岩芯截面

(c)钻机工作

(d)不同岩芯

图 7.2-2　南漪湖综合治理生态清淤试验工程现场钻孔及岩芯情况

7.2.2　土层特性分析

通过现场钻探及获取的岩芯土样,测量各土层含水率、湿密度、比重、孔隙比、饱和度、液限、塑限、液性指数、塑性指数等物理性质指标,开展固结、直剪(固快)及原位试验,获得了南漪湖湖底土层力学特性指标(表 7.2-1)。通过对各土层土体力学参数指标的获取,对南漪湖场地主要地层自上而下进行分析,具体如下:

①水:勘察时湖面水位高程为 7.301m,水深为 2.32~2.58m。

②淤泥质粉质黏土(Q_4^1):灰色、深灰色、灰褐色、流塑状、饱和,沉积形成,含腐殖质,局部富集,有泥钙质结核及贝壳碎屑,偶夹薄层粉砂,呈松散状。埋深(水深)为

2.32~2.58m,层顶(水底)高程为 4.72~4.98m,层厚为 7.6~9.8m。实测标准贯入试验击数 N 为 1~2。该层在湖底均有分布,具高压缩性。

③软可塑状粉质黏土(Q_4^{al}):灰色、灰褐色,软可塑状,偶夹薄层粉砂,呈松散状。埋深为 10.18~12.38m,顶板高程为 -5.08~-2.88m,层厚为 1.0~5.5m。实测标准贯入试验击数 N 为 4~6。该层在湖底均有分布,具中高压缩性。

④硬可塑状粉质黏土(Q_4^{al}):灰黄色、褐黄色,硬可塑状,夹少量砾石,粒径为 0.4~2.0cm,偶夹薄层粉砂,呈松散状。埋深为 13.38~13.87m,顶板高程为 -6.56~-6.08m,层厚为 2.2~2.5m。实测标准贯入试验击数 N 为 9~14。该层大多缺失,仅见于 6# 和 7# 钻孔,具中压缩性。

④-1 中细砂夹薄层粉质黏土(Q_4^{al}):灰褐色、灰黄色,中细砂呈稍密—中密状,粉质黏土呈硬可塑状,局部夹少量砾石,粒径为 0.5~1.5cm。埋深为 13.18m,顶板高程为 -5.88m,层厚为 1.8m。该层仅见于钻孔 8# 钻孔,层厚无法满足原位试验条件,因此,仅取样进行了土工试验。

⑤中粗砂(Q_4^{al}):灰黄色、灰褐色、褐黄色,松散状,饱和,主要成分为石英岩、片麻岩等,分选性、磨圆度均较差。夹较多砾石,粒径大小不一,多为 0.5~3.0cm,最大可达 20cm。埋深为 14.46~17.88m,顶板高程为 -10.58~-7.16m,层厚为 1.1~4.3m。实测标准贯入试验击数 N 为 3~6。该层在湖底均有分布,具高压缩性。

⑤-1 含砾粉质黏土(Q_4^{al}):灰黄色、褐黄色,硬可塑状,夹较多砾石,粒径为 0.5~2.5cm。埋深为 17.18m,顶板高程为 -9.88m,层厚为 0.70m。该层仅见于 8# 钻孔,层厚仅 0.7m,无法满足土工试验及原位试验条件。

⑥硬可塑状粉质黏土(Q_4^{al}):灰黄色,硬可塑状,夹少量砾石,粒径为 0.4~2.0cm。埋深为 13.38~13.87m,顶板高程为 -6.56~-6.08m,层厚为 11.5m。实测标准贯入试验击数 N 为 8~14。该层在湖底均有分布,具中压缩性,除 4# 钻孔外均未揭穿。

⑦泥质砂岩(K):棕红色,微风化,主要成分为石英、岩屑、长石及少量燧石等,泥质胶结。干钻无法钻进,锤击声哑、无回弹、岩芯完整,岩体结构类型为层状结构,岩石坚硬程度属于软岩,浸水后手可掰断,岩体基本质量等级属Ⅳ类。埋深为 29.92m,顶板高程为 -22.62m。实测标准贯入试验击数 N 为 91~114。该层在湖底均有分布,具高压缩性。

表 7.2-1 南漪湖湖底土层力学特性指标

土层	统计指标	物理性质指标 含水率 ω_0/%	湿密度 ρ/(g/cm³)	比重 G_s	孔隙比 e	饱和度 S_r/%	液限 ω_l/%	塑限 ω_p/%	液性指数 I_P	塑性指数 I_L	固结试验 压缩系数 α_{1-2}/MPa⁻¹	压缩模量 E_{s1-2}/MPa	直剪试验(固块) 黏聚力 c/kPa	内摩擦角 φ/°	原位试验 标准贯入试验击数 N/(击/30cm)
②淤泥质粉质黏土	统计频数	10	10	10	10	10	10	10	10	10	10	10	10	10	12
	最大值	43.100	1.770	2.750	1.249	96.500	41.900	25.700	1.150	16.500	0.710	3.200	9.100	9.600	2.000
	最小值	41.100	1.750	2.750	1.192	94.400	40.500	24.500	1.020	15.400	0.690	3.100	8.100	8.600	1.000
	平均值	42.300	1.760	2.750	1.224	95.100	41.200	25.200	1.070	16.000	0.700	3.200	8.800	9.100	1.500
	标准差	0.690	0.010	0.000	0.016	0.720	0.550	0.370	0.040	0.390	0.010	0.050	0.320	0.420	0.520
	变异系数	0.016	0.004	0.000	0.013	0.008	0.013	0.015	0.037	0.024	0.012	0.015	0.037	0.046	0.348
	修正系数	1.010	0.998	1.000	1.008	1.004	0.992	0.991	1.022	1.014	1.007	0.991	0.978	0.973	0.817
	标准值	42.700	1.760	2.750	1.233	95.500	40.900	25.000	1.090	16.200	0.710	3.100	8.600	8.800	1.200
③软可塑状粉质黏土	统计频数	10	10	10	10	10	10	10	10	10	10	10	10	10	9
	最大值	26.600	2.010	2.730	0.784	93.000	32.900	19.100	16.200	0.610	0.310	11.100	43.800	20.900	6.000
	最小值	22.700	1.930	2.720	0.667	89.800	30.400	16.300	12.900	0.260	0.150	5.800	22.900	10.900	4.000
	平均值	25.200	1.950	2.720	0.752	91.200	31.900	17.300	14.600	0.540	0.280	6.500	26.200	12.600	4.600
	标准差	1.090	0.020	0.003	0.033	1.050	0.790	0.850	1.000	0.100	0.050	1.640	6.230	2.950	0.870
	变异系数	0.043	0.012	0.001	0.043	0.011	0.025	0.049	0.185	0.068	0.166	0.254	0.238	0.235	0.186
	修正系数	1.025	0.993	0.999	1.025	1.007	0.986	0.971	1.108	1.040	1.097	0.851	0.861	0.862	0.884
	标准值	25.900	1.930	2.720	0.771	91.800	31.500	16.800	15.200	0.600	0.310	5.500	22.500	10.800	4.100

续表

土层	统计指标	物理性质指标									固结试验		直剪试验（固快）		原位试验
		含水率 ω_0/%	湿密度 ρ/(g/cm³)	比重 G_s	孔隙比 e	饱和度 S_r/%	液限 ω_L/%	塑限 ω_p/%	液性指数 I_P	塑性指数 I_L	压缩系数 α_{1-2} /MPa⁻¹	压缩模量 E_{s1-2} /MPa	黏聚力 c/kPa	内摩擦角 φ/°	标准贯入试验击数 N /(击/30cm)
①硬可塑状粉质黏土	统计频数	6	6	6	6	6	6	6	6	6	6	6	6	6	6
	最大值	23.100	2.020	2.740	0.678	94.100	33.800	19.300	0.300	15.200	0.310	12.900	47.200	22.700	14.000
	最小值	21.500	2.010	2.730	0.648	90.900	31.500	17.800	0.260	13.700	0.130	5.400	43.600	20.700	9.000
	平均值	22.500	2.010	2.740	0.666	92.500	32.900	18.700	0.270	14.200	0.170	11.000	45.400	21.500	11.500
	标准差	0.570	0.010	0.000	0.010	1.180	0.760	0.530	0.020	0.550	0.070	2.830	1.610	0.820	2.070
	变异系数	0.025	0.003	0.001	0.015	0.013	0.023	0.028	0.061	0.039	0.424	0.257	0.035	0.038	0.180
	修正系数	1.021	0.998	0.999	1.012	1.011	0.981	0.977	1.050	1.032	1.350	0.788	0.971	0.969	0.851
	标准值	23.000	2.010	2.730	0.674	93.500	32.300	18.200	0.280	14.700	0.220	8.700	44.100	20.800	9.700
⑤硬可塑状粉质黏土	统计频数	10	10	10	10	10	10	10	10	10	10	10	10	10	12
	最大值	23.900	2.020	2.740	0.681	96.200	34.100	20.400	0.290	14.600	0.150	12.900	49.500	22.600	14.000
	最小值	21.600	2.010	2.730	0.649	91.100	31.200	18.100	0.250	11.300	0.130	11.200	43.100	20.700	8.000
	平均值	23.000	2.010	2.740	0.673	93.600	32.900	19.400	0.260	13.500	0.140	12.100	45.500	21.500	11.800
	标准差	0.660	0.000	0.000	0.010	1.520	0.930	0.640	0.010	0.890	0.010	0.650	2.100	0.630	2.040
	变异系数	0.029	0.002	0.002	0.014	0.016	0.028	0.033	0.041	0.066	0.053	0.054	0.046	0.029	0.172
	修正系数	1.017	0.999	0.999	1.008	1.010	0.983	0.981	1.024	1.039	1.031	0.969	0.973	0.983	0.910
	标准值	23.400	2.010	2.740	0.679	94.400	32.400	19.000	0.270	14.000	0.140	11.700	44.300	21.100	10.700

将深层疏浚层上覆土层的湿密度、孔隙比、压缩系数和压缩模量与《南漪湖综合治理生态清淤试验工程初步设计报告》本底值(2022年10月)进行对比分析,各土层力学参数见表7.2-2。从表7.2-2中可以看出,施工后的深层疏浚层上覆土层的湿密度和压缩模量较初步设计阶段均有所增大,孔隙比和压缩系数均有所降低。其中,②淤泥质粉质黏土、③软可塑状粉质黏土、④硬可塑状粉质黏土等土层的湿密度分别增大了2.33%、9.04%、1.01%,压缩模量分别增大了6.53%、119.12%、43.09%,孔隙比分别降低了11.36%、37.11%、7.92%,压缩系数分别降低了13.10%、65.93%、22.81%。上述结果表明,施工后深层疏浚层上覆土层均产生不同程度的固结,这与深层疏浚层被抽空后上覆土层整体下沉有关。

表7.2-2　　　　　　　　深层疏浚层上覆土层力学参数对比

土层	参数	初步设计阶段	施工后	差值
②淤泥质粉质黏土	湿密度/(g/cm³)	1.72	1.76	2.33%
	孔隙比	1.391	1.233	−11.36%
	压缩系数/MPa⁻¹	0.817	0.71	−13.10%
	压缩模量/MPa	2.91	3.1	6.53%
③软可塑状粉质黏土	湿密度/(g/cm³)	1.77	1.93	9.04%
	孔隙比	1.226	0.771	−37.11%
	压缩系数/MPa⁻¹	0.91	0.31	−65.93%
	压缩模量/MPa	2.51	5.5	119.12%
④硬可塑状粉质黏土	湿密度/(g/cm³)	1.99	2.01	1.01%
	孔隙比	0.732	0.674	−7.92%
	压缩系数/MPa⁻¹	0.285	0.22	−22.81%
	压缩模量/MPa	6.08	8.7	43.09%

7.2.3　深层疏浚层上覆土层沉降评估

通过湖区水下地层钻孔勘察,绘制了南漪湖综合治理生态清淤试验工程区湖底工程地质剖面图(图7.2-3和图7.2-4)。基于土层特性分析,断面1-1'的工程地质剖面图中有⑤中粗砂(Q₄ al)层,平均厚度为1.79m,为扰动土样(图7.2-3);断面2-2'的工程地质剖面图中有⑤中粗砂(Q₄ al)层,平均厚度为1.78m,为扰动土样(图7.2-4)。然而,在现场钻孔过程中发现,除8#钻孔外,其余钻孔的⑤中粗砂(Q₄ al)层岩芯采取率均在40%以下,该层大多为空洞,层内含有水,水中含有中粗砂悬浮物质,无法取芯。同时,受岩芯管内径(74mm)影响,较大粒径的砾石也无法取出。

为了对比深层疏浚层上覆土层沉降情况,绘制了初步设计阶段该区域的工程地质剖面图(图7.2-5和图7.2-6)。

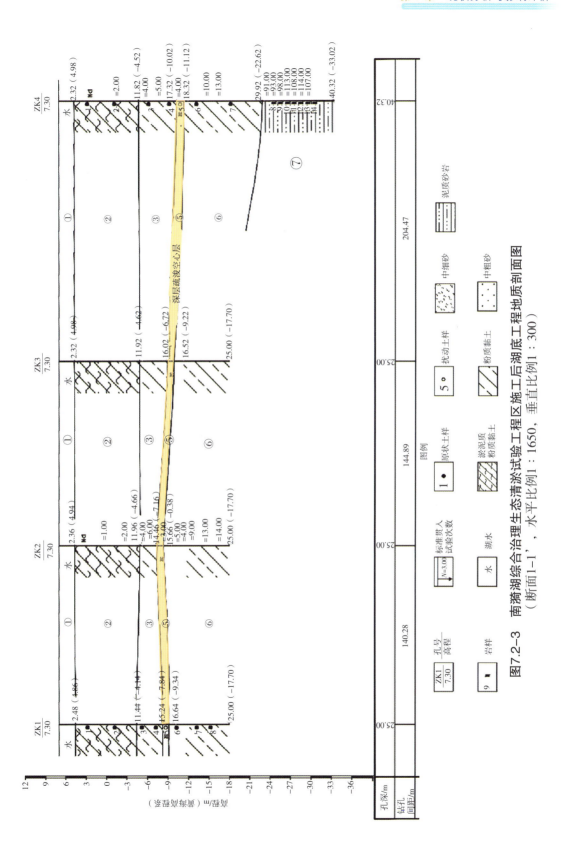

图7.2-3 南漪湖综合治理生态清淤试验区施工程区施工后湖底工程地质剖面图
（断面1-1'，水平比例1：1650，垂直比例1：300）

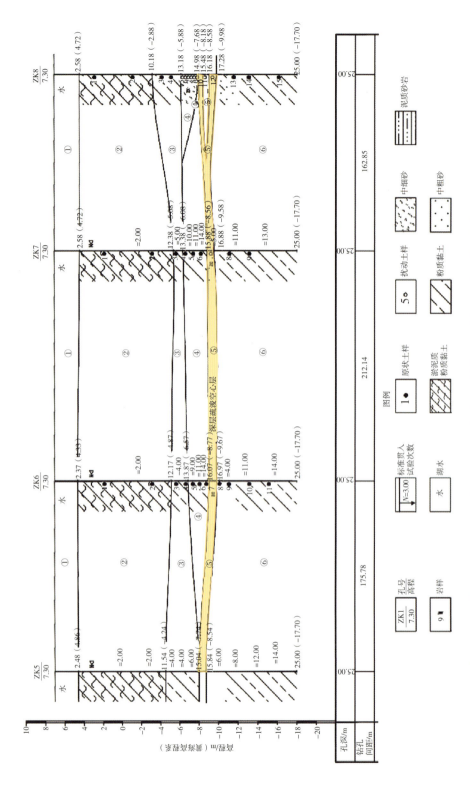

图7.2-4 南漪湖综合治理生态清淤试验工程区施工后湖底工程地质剖面图
（断面2-2′，水平比例1∶1850，垂直比例1∶200）

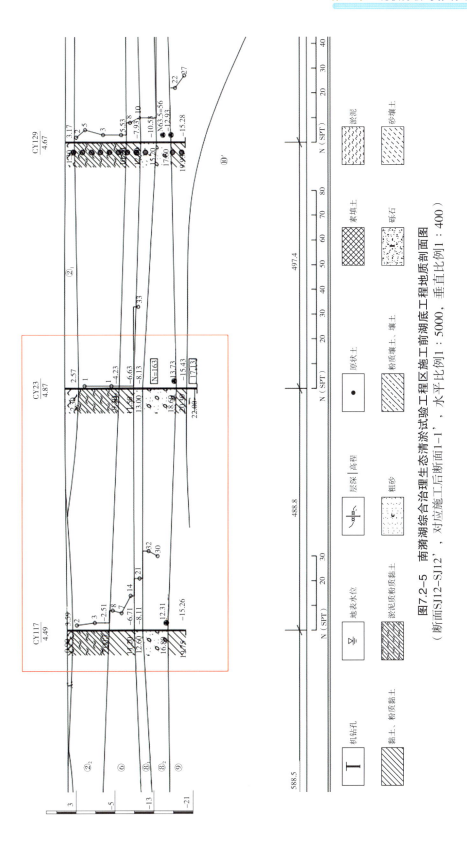

图7.2-5　南漪湖综合治理生态清淤试验工程区施工前湖底工程地质剖面图
（断面SJ12~SJ12'，对应施工后断面1-1'，水平比例1：5000，垂直比例1：400）

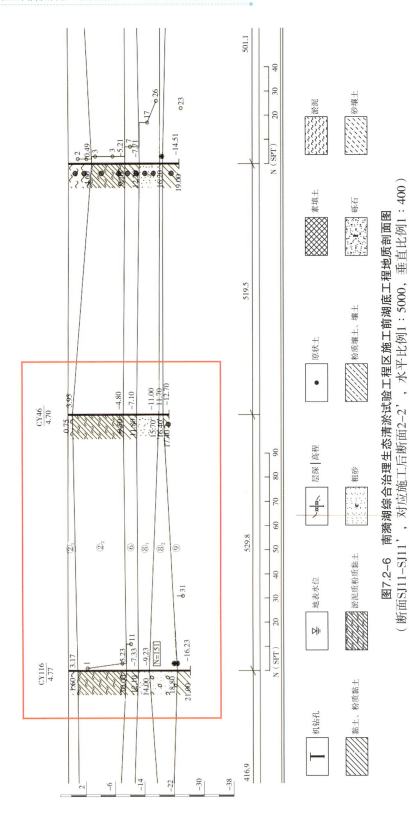

图7.2-6 南漪湖综合治理生态清淤试验工程区工程区施工前湖底工程地质剖面图
（断面SJ11~SJ11'，对应施工后断面2-2'，水平比例1：5000，垂直比例1：400）

由于施工后钻孔位置与初步设计阶段钻孔位置分布不同,试验区湖底工程地质剖面存在一定误差,尤其是深层疏浚层顶部和底部高程,这可能与现场施工有关。然而,对比断面 1-1'和断面 SJ12-SJ12'深层疏浚层顶部高程可知,断面 1-1'深层疏浚层顶部高程平均下降了 1.02m;对比断面 2-2'和断面 SJ11-SJ11'深层疏浚层顶部高程可知,断面 2-2'深层疏浚层顶部高程平均下降了 0.98m。因此,从现场湖区水下地层钻孔勘察结果可知,断面 1-1'和断面 2-2'深层疏浚层上覆土层平均沉降量分别为1.02m 和 0.98m。

根据断面 1-1'和断面 2-2'深层疏浚层架空层顶部及底部高程,断面 1-1'和断面2-2'架空层平均厚度分别为 0.77m 和 0.80m。结合断面 1-1'和断面 2-2'深层疏浚层上覆土层平均沉降量分别为 1.02m 和 0.98m,可知断面 1-1'和断面 2-2'深层疏浚层疏浚厚度分别为 1.79m 和 1.78m,深层疏浚清淤厚度在《水利部长江水利委员会行政许可决定》批复的 1.8m 范围内。

基于 2023 年水下地形测量数据,有效清淤面积为 648855.13m²。按照断面 1-1'和断面 2-2'架空层平均厚度 0.785m,计算得到深层疏浚层架空层储存的湖泊容积约为 509351.28 m³。因此,截至 2023 年 12 月 31 日,虽然深层疏浚层尚有平均厚度为0.785m 的架空层未沉降到位,但架空层增大了湖泊容积。依据项目施工设计,试验工程施工周期为 3 年,评估阶段为该项目施工的第 1 年第 2 个月。随着时间推移,深层疏浚层上覆土层会逐渐沉降到位,架空层容积沿着深层疏浚钻孔区域逐渐渗透至湖区,有利于试验区水生态恢复。

各钻孔岩芯见图 7.2-7。

(a)1#钻孔岩芯　　　　　　　　　　(b)2#钻孔岩芯

(c)3#钻孔岩芯

(d)4#钻孔岩芯

(e)5#钻孔岩芯

(f)6#钻孔岩芯

(g)7#钻孔岩芯

(h)8#钻孔岩芯

图 7.2-7　⑤中粗砂(Q4^{al})层取芯样品

7.3　水环境评估

7.3.1　试验区水质分析

　　为分析试验工程对施工区、试验工程内施工区外及试验工程周边湖区水质的影响,明确拦污屏的生态环境保护效益,2023 年 12 月,选取试验工程区内外 12 个点位进行 1 次水质监测,Z1～Z4 为试验区外对照点位,Z5～Z8 为试验区内施工区域监测点位,Z9～Z12 为试验区内未施工区域监测点位。12 个水质监测点位见图 7.3-1。水质监测指标包括 pH 值、固体悬浮物、溶解氧、水温、电导率、透明度、高锰酸盐指数、重铬酸盐指数、五日生化需氧量、氨氮、总氮、总磷、叶绿素 a、浊度等 14 项指标。水体各指标的监测采用以下方法:总氮采用碱性过硫酸钾消解紫外分光光度法,总磷采用钼酸铵分光光度法,pH 值采用电极法,透明度采用塞氏盘法,氨氮采用纳氏试剂分光光度法,高锰酸盐指数采用重铬酸盐法,生化需氧量采用五日生化需氧量的测定稀释与接种法。

图 7.3-1　试验工程试验区内外水质监测点位

　　选择取水容器时应考虑各组分之间的相互作用和光分解等因素,应尽量缩短样品的存放时间,减少样品的光、热暴露时间等。此外,还应考虑生物活性。在选择采集和存放样品的容器时,还应考虑容器适应温度急剧变化、抗破裂性、密封性能、体积、形状等。同时,从采集到分析的这段时间内,物理、化学、生物的作用会发生不同程度的变化,这些变化使得进行分析时的样品已不再是采样时的样品。为了使这种变化降低到最小的程度,必须在采样时对样品加以保护,具体实施方法按《水质 样品的保存和管理技术规定》(HJ 493—2009)执行。

(1)湖区水质监测指标分析

1)pH 值和溶解氧

2023 年 12 月试验工程施工区、试验工程内施工区外及试验工程周边湖区水体pH 值和溶解氧监测结果见图 7.3-2。从图 7.3-2 可以看出,3 个区域内水体 pH 值和溶解氧变化不明显,表明试验工程内施工区外及试验工程周边湖区水体 pH 值和溶解氧未受到试验工程施工的影响。

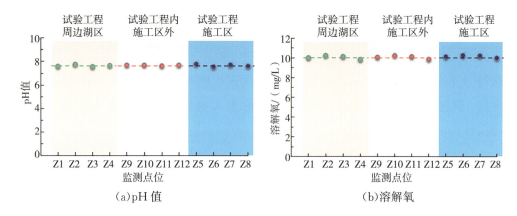

(a)pH 值   (b)溶解氧

图 7.3-2　2023 年 12 月试验工程施工区、试验工程内施工区外及

试验工程周边湖区水体 pH 值和溶解氧监测结果

2)透明度和固体悬浮物

水体透明度能反映水体中悬浮物质或溶解物质对光线的穿透能力,是反映水体透明度的重要指标之一。水体透明度直接影响水体的可见度,在环境监测、水质评价和水生态系统研究中具有重要作用。2023 年 12 月试验工程施工区、试验工程内施工区外及试验工程周边湖区水体透明度和固体悬浮物监测结果见图 7.3-3。

从图 7.3-3 中可以看出,试验工程外水体透明度和固体悬浮物分别为 30~150cm和 6.67~7.33mg/L,均值分别为 94.25cm 和 7.00mg/L;试验工程内施工区外水体透明度和固体悬浮物分别为 33~82cm 和 8.67~14.33mg/L,均值分别为 56.5cm 和11.83mg/L;试验工程施工区水体透明度和 SS 分别为 27~32cm 和 26.67~57.00mg/L,均值分别为 29.25cm 和 42.00mg/L。显然,试验工程施工区水体透明度最低,固体悬浮物最大;试验工程内施工区外水体透明度和固体悬浮物次之,这是由于拦污屏布设在试验工程区域边界处,施工区水体最为浑浊,含有大量悬浮物质,其悬浮物质漂移至试验工程内施工区外,最终被拦污屏拦截挡住,未扩散至试验工程周边湖区。通过对比发现,拦污屏在拦截水中悬浮物质方面具有显著效益。

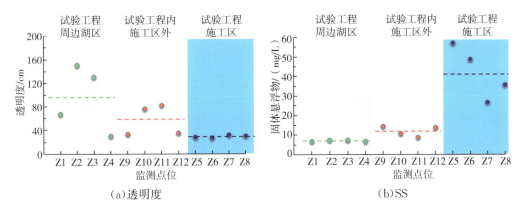

（a）透明度　　　　　　　（b）SS

图 7.3-3　2023 年 12 月试验工程施工区、试验工程内施工区外
及试验工程周边湖区水体透明度和固体悬浮物监测结果

3）五日生化需氧量

2023 年 12 月试验工程施工区、试验工程内施工区外及试验工程周边湖区水体五日生化需氧量监测结果见图 7.3-4。从图 7.3-4 中可以看出，试验工程施工区、试验工程内施工区外及试验工程周边湖区五日生化需氧量均值分别为 5.34mg/L、3.18mg/L 和 2.69mg/L，表明试验工程施工对水体中的五日生化需氧量影响较大，同时影响着试验工程内施工区外的区域，施工区内水体属于Ⅳ类或Ⅴ类水，试验工程周边湖区水体大部分属于Ⅰ类或Ⅱ类水，未受施工影响。

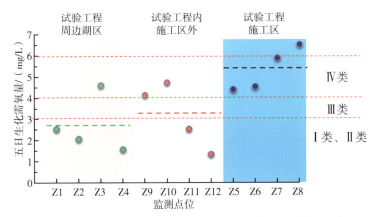

图 7.3-4　2023 年 12 月试验工程施工区、试验工程内施工区外
及试验工程周边湖区水体五日生化需氧量监测结果

4）重铬酸盐指数

重铬酸盐指数是在一定的条件下采用一定的强氧化剂处理水样时所消耗的氧化剂的量，是表示水中还原性物质多少的一个指标。水中的还原性物质有各种有机物、亚硝酸盐、硫化物、亚铁盐等，但主要是有机物。因此，重铬酸盐指数又往往作为衡量水中有机物质含量多少的指标。重铬酸盐指数越大，说明水体受有机物的污染越严

重。2023 年 12 月试验工程施工区、试验工程内施工区外及试验工程周边湖区水体重铬酸盐指数监测结果见图 7.3-5。

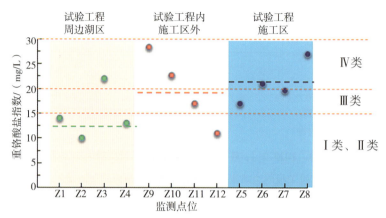

图 7.3-5　2023 年 12 月试验工程施工区、试验工程内施工区外及试验工程周边湖区水体重铬酸盐指数监测结果

从图 7.3-5 中可以看出,试验工程周边湖区水体重铬酸盐指数为 10～22mg/L,均值为 14.75mg/L;试验工程施工区、试验工程内施工区外重铬酸盐指数分别为 17～27mg/L 和 11～28.33mg/L,均值分别为 21.17mg/L 和 19.75mg/L。试验工程施工区重铬酸盐指数最高,试验工程内施工区外重铬酸盐指数次之,试验工程周边湖区重铬酸盐指数最低。

依据《地表水环境质量标准》(GB 3838—2002),试验工程周边湖区水体大多为Ⅰ类或Ⅱ类水;而施工区内及试验工程区内施工区外水体属于Ⅲ类或Ⅳ类水,可能是项目施工时表层清淤导致水体浑浊,底泥中的有机物悬浮在水中,进而导致水中含有的有机物含量较试验工程周边湖区高。因此,项目施工对试验工程施工区及施工区外水体重铬酸盐指数有较大影响,但在拦污屏拦截作用下,项目施工对周边湖区水体重铬酸盐指数无影响。

5)总磷

2023 年 12 月试验工程施工区、试验工程内施工区外及试验工程周边湖区水体总磷监测结果见图 7.3-6。从图 7.3-6 中可以看出,试验工程施工区、试验工程内施工区外及试验工程周边湖区水体总磷分别为 0.153～0.242mg/L、0.022～0.037mg/L 和 0.035～0.045mg/L,均值分别为 0.183mg/L、0.029mg/L 和 0.039mg/L。依据《地表水环境质量标准》(GB 3838—2002),试验工程内施工区外及试验工程周边湖区水质属于Ⅲ类水质,试验工程施工区水体属于Ⅴ类或劣Ⅴ类水。结果表明,试验工程施工对施工区内水体的总磷含量提高有显著影响,对试验工程内施工区外及周边湖区水体总磷含量不产生影响。

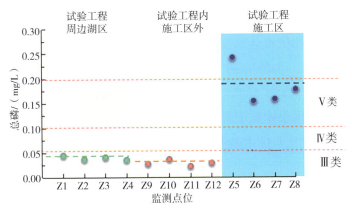

图 7.3-6　2023 年 12 月试验工程施工区、试验工程内施工区外及试验工程周边湖区水体总磷监测结果

6）总氮

2023 年 12 月试验工程施工区、试验工程内施工区外及试验工程周边湖区水体总氮监测结果见图 7.3-7。从图 7.3-7 中可以看出，试验工程施工区、试验工程内施工区外及试验工程周边湖区水体总氮分别为 1.83～1.98mg/L、1.07～1.97mg/L 和 0.83～1.61mg/L，均值分别为 1.89mg/L、1.57mg/L 和 1.21mg/L。3 个区域内水体中的总氮含量均较高，依据《地表水环境质量标准》（GB 3838—2002），试验工程周边湖区水体大多数属于Ⅲ～Ⅴ类水，与施工前湖区水质总氮指标检测结果保持一致（《南漪湖综合治理生态清淤试验工程初步设计报告》）。

然而，试验工程施工区及试验工程内施工区外水质总氮含量较试验工程周边湖区总氮含量高，试验工程区（施工区和施工区外）水体属于Ⅴ类水。因此，项目施工对试验工程周边湖区水体总氮含量未产生影响，但对施工区内的水体总氮含量提高有显著影响。

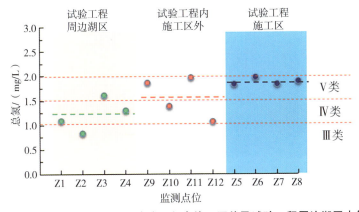

图 7.3-7　2023 年 12 月试验工程施工区、试验工程内施工区外及试验工程周边湖区水体总氮监测结果

7）氨氮

2023 年 12 月试验工程施工区、试验工程内施工区外及试验工程周边湖区水体氨

氮监测结果见图 7.3-8。从图 7.3-8 中可以看出，试验工程施工区、试验工程内施工区外及试验工程周边湖区水体氨氮分别为 0.523～0.773mg/L、0.487～0.608mg/L 和 0.434～0.524mg/L，均值分别为 0.634mg/L、0.543mg/L 和 0.473mg/L。依据《地表水环境质量标准》(GB 3838—2002)，试验工程周边湖区水体属于Ⅱ类水，试验工程施工区及未施工区水体属于Ⅲ类水。因此，试验工程施工对水体中的氨氮含量影响较小，且对周边湖区水体中氨氮含量未产生影响。

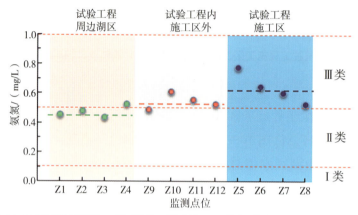

图 7.3-8 2023 年 12 月试验工程施工区、试验工程内施工区外及试验工程周边湖区水体氨氮监测结果

为更直观地明确项目施工对湖区水质的影响，将试验工程施工区、试验工程内施工区外的水质监测指标中的 pH 值、固体悬浮物、溶解氧、透明度、重铬酸盐指数、五日生化需氧量、氨氮、总氮、总磷等 9 项指标与 2022 年开展的《南漪湖综合治理生态清淤试验工程初步设计报告》中的本底值进行对比和汇总，见表 7.3-1。

表 7.3-1 试验工程施工区、试验工程内施工区外的水质监测与初步设计阶段对比汇总

指标	初步设计阶段（2021 年 1—4 月）		施工区评估阶段（2023 年 12 月）		试验工程内施工区外评估阶段（2023 年 12 月）		评估阶段与初步设计阶段差值	
	数值	水质标准	数值	水质标准	数值	水质标准	试验工程施工区	试验工程内施工区外
透明度 /cm	50	不参与评价	29.25	不参与评价	56.5	不参与评价	−20.75	6.5
氨氮 /(mg/L)	0.10	Ⅱ类	0.63	Ⅲ类	0.54	Ⅲ类	0.53	0.44
总氮 /(mg/L)	1.50	不参与评价	1.88	不参与评价	1.57	不参与评价	0.38	0.07
总磷 /(mg/L)	0.03	Ⅲ类	0.18	Ⅴ类	0.028	Ⅲ类	0.15	−0.002

从表 7.3-1 中可以得知,施工区内水体透明度较初步设计阶段明显降低,施工对水体透明度影响较大;施工区水体氨氮、总氮、总磷含量较初步设计阶段均有增大,施工对氨氮、总氮、总磷影响较大。施工区及试验工程内施工区外水体以氨氮和总磷含量为标准,均属于Ⅲ类水。

(2)水质富营养化评估

选取水体叶绿素 a、总磷、总氮、透明度和高锰酸盐指数计算综合营养状态指数,评价试验区水质的富营养状况。一般以叶绿素 a 为基准,基于《南漪湖综合治理生态清淤试验工程初步设计报告》选取各项目指标的权重,叶绿素 a 权重为 0.2663,总磷权重为 0.1879,总氮权重为 0.1790,透明度权重为 0.1834;高锰酸盐指数权重数值为 0.1834。

各评价因子营养状态指数计算公式为:

$$\begin{aligned}
\mathrm{TLI(Chl.\ a)} &= 10 \times (2.5 + 1.086 \times \ln\mathrm{Chl.\ a}) \\
\mathrm{TLI(TP)} &= 10 \times (9.436 + 1.624 \times \ln\mathrm{TP}) \\
\mathrm{TLI(TN)} &= 10 \times (5.453 + 1.694 \times \ln\mathrm{TN}) \\
\mathrm{TLI(SD)} &= 10 \times (5.118 - 1.94 \times \ln\mathrm{SD}) \\
\mathrm{TLI(COD_{Mn})} &= 10 \times (0.109 + 2.661 \times \ln\mathrm{COD_{Mn}})
\end{aligned} \tag{7.3-1}$$

式中,Chl. a——叶绿素 a,$\mathrm{mg/m^3}$;

TP——总磷,mg/L;

SD——透明度,m;

TN——总氮,mg/L

$\mathrm{COD_{Mn}}$——高锰酸盐指数,mg/L。

试验区水质综合营养状态指数 TLI 计算公式如下:

$$\mathrm{TLI} = \sum_{i=1}^{n} \mathrm{TLI}_i \times W_i \tag{7.3-2}$$

式中,TLI_i——第 i 种参数的营养状态指数;

W_i——第 i 种参数营养状态指数的权重。

综合营养状态指数 TLI 介于 0～30,水体处于贫营养状态;综合营养状态指数 TLI 介于 30～50,水体处于中营养状态;综合营养状态指数 TLI 介于 50～60,水体处于轻度富营养化状态;综合营养状态指数 TLI 介于 60～70,水体处于中度富营养化状态;综合营养状态指数 TLI 大于 70,水体处于重度富营养化状态。

通过式(7.3-1)计算得到试验区各指标水质综合营养状态指数 TLI,计算结果见表 7.3-2。

表 7.3-2　　　　　　　　　　试验区各指标水质综合营养状态指数

监测点位	TLI(SD)	TLI(COD$_{Mn}$)	TLI(TP)	TLI(TN)	TLI(Chl. a)
Z1	−30.39	35.90	43.88	55.94	45.05
Z2	−46.03	33.65	40.67	51.37	40.92
Z3	−43.25	32.86	42.35	62.60	47.12
Z4	−14.80	33.91	40.07	58.97	45.60
Z5	−13.46	42.83	71.34	64.80	48.03
Z6	−12.76	41.70	64.01	66.07	50.36
Z7	−16.06	39.49	64.43	64.83	36.93
Z8	−14.80	37.31	66.33	65.37	38.08
Z9	−16.65	35.42	35.90	65.07	43.84

通过式(7.3-2)计算得到试验工程区各监测点位水质综合营养状态指数 TLI,见图 7.3-9。从图 7.3-9 中可以看出,试验工程周边湖区及试验工程内施工区外的 TLI 值在 30 左右,整体处于贫营养状态;试验工程施工区内的 TLI 值为 30～45,整体处于中营养状态。整个南漪湖湖区水体未出现富营养化。

依据《南漪湖综合治理生态清淤试验工程初步设计报告》,项目开工前,2014—2020 年南漪湖湖区 TLI 均值为 51,湖区水体呈轻度富营养化状态,2021 年南漪湖湖区 TLI 均值为 46,湖区水体处于中营养状态。因此,结合评估阶段对试验工程周边湖区、试验工程内施工区外及试验工程施工区的 TLI 值分析,项目施工对湖区水质改善有显著作用。

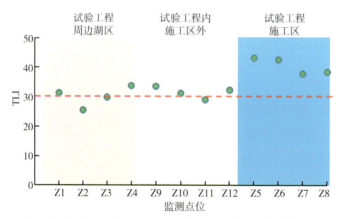

图 7.3-9　试验工程区各监测点位水质综合营养状态指数

7.3.2　淤泥堆放区导流沟水质分析

本研究在淤泥堆放区排水沟 4 个角落内采集 12 个水样品,在周边 2 个原始池塘采集 6 个水样品作为本底值,对比分析淤泥堆放区对周边水质的影响。各监测点位水质氨氮、总氮、总磷、重铬酸盐指数、五日生化需氧量、浊度、pH 值指标监测结果见表 7.3-3。

表 7.3-3　　　　　　　　　各监测点位水质指标监测结果

监测点位	样品编号	pH 值	水温/℃	浊度/NTU	重铬酸盐指数/(mg/L)	五日生化需氧量/(mg/L)	氨氮/(mg/L)	总磷/(mg/L)	总氮/(mg/L)
淤泥堆放区 1# 监测点	B2312252-1-1	7.6	5.2	8.0	17	4.2	0.288	0.108	0.79
	B2312252-1-2	7.5	5.7	8.3	18	4.0	0.300	0.103	0.83
	B2312252-1-3	7.5	5.7	7.9	18	4.2	0.318	0.109	0.73
淤泥堆放区 2# 监测点	B2312252-2-1	7.4	5.0	8.6	15	4.2	0.382	0.091	1.14
	B2312252-2-2	7.4	6.1	8.5	14	4.2	0.421	0.089	1.18
	B2312252-2-3	7.6	6.0	8.2	15	4.0	0.397	0.085	1.28
淤泥堆放区 3# 检监点	B2312252-3-1	7.3	5.7	7.9	16	3.4	0.403	0.095	0.87
	B2312252-3-2	7.5	6.0	8.3	15	3.3	0.452	0.091	0.94
	B2312252-3-3	7.5	6.5	7.8	14	3.1	0.436	0.084	1.02
淤泥堆放区 4# 监测点	B2312252-4-1	7.6	6.1	7.3	13	3.4	0.467	0.126	0.97
	B2312252-4-2	7.6	6.0	7.2	14	3.0	0.455	0.117	1.02
	B2312252-4-3	7.5	7.1	7.7	15	3.0	0.478	0.128	1.10
淤泥堆放区 对照点 1	B2312252-5-1	7.8	5.9	6.2	23	3.2	0.355	0.108	3.58
	B2312252-5-2	7.6	6.1	6.5	21	2.9	0.303	0.105	3.61
	B2312252-5-3	7.8	7.3	6.3	21	2.7	0.322	0.110	3.48
淤泥堆放区 对照点 2	B2312252-6-1	7.7	4.8	5.3	16	3.1	0.133	0.070	3.96
	B2312252-6-2	7.5	6.9	5.4	14	3.5	0.209	0.064	4.07
	B2312252-6-3	7.5	7.8	5.5	15	3.2	0.173	0.070	4.17

从表 7.3-3 可以看出,淤泥堆放区排水沟内及周边原始池塘水体 pH 均为 7～9,两者无明显区别,满足《污水综合排放标准》(GB 8978—1996)要求。淤泥堆放区排水沟内水体浊度为 7.2～8.3NTU,均值为 8NTU,周边原始池塘水体浊度为 5.3～7.7NTU,均值为 6.23NTU,表明淤泥堆放区排水沟内水体浊度较高。淤泥堆放区排水沟内水体重铬酸盐指数为 13～18mg/L,均值为 15.36mg/L,周边原始池塘水体重铬酸盐指数为 14～23mg/L,均值为 18.33mg/L,淤泥堆放区排水沟内水体重铬酸盐指数较周边原始池塘低,依据《污水综合排放标准》(GB 8978—1996),淤泥堆放区排水沟内水质属于一级标准。淤泥堆放区排水沟内水体五日生化需氧量为 3～4.2mg/L,均值为 3.72mg/L,周边原始池塘水体五日生化需氧量为 2.7～3.5mg/L,均值为

3.07mg/L,两者区别不明显,依据《污水综合排放标准》(GB 8978—1996),淤泥堆放区排水沟内水质属于一级标准。淤泥堆放区排水沟内及周边原始池塘水体氨氮含量分别为 0.29～0.47mg/L 和 0.13～0.48mg/L,均值分别为 0.39mg/L 和 0.30mg/L,两者区别不明显,依据《污水综合排放标准》(GB 8978—1996),淤泥堆放区排水沟内水质属于一级标准。淤泥堆放区排水沟内及周边原始池塘水体总磷含量分别为 0.084～0.117mg/L 和 0.064～0.128mg/L,均值均为 0.10mg/L,两者在总磷含量上基本相同,由于《污水综合排放标准》(GB 8978—1996)对总磷未指明排放要求,本项目依据《地表水环境质量标准》(GB 3838—2002),淤泥堆放区排水沟内水体属于Ⅳ类水标准;淤泥堆放区排水沟内及周边原始池塘水体总氮含量分别为 0.73～1.28mg/L 和 1.1～4.07mg/L,均值分别为 1.00mg/L 和 3.30mg/L,周边原始池塘水体总氮含量较淤泥堆放区排水沟内高,由于《污水综合排放标准》(GB 8978—1996)对总氮未指明排放要求,本项目依据《地表水环境质量标准》(GB 3838—2002),淤泥堆放区排水沟内水质属于Ⅲ类水标准。

综上所述,淤泥堆放区排水沟内与周边原始池塘水体相比,pH 值、五日生化需氧量、氨氮、总磷等指标无明显区别,淤泥堆放区排水沟内水体浊度较高,周边原始池塘水体重铬酸盐指数及总氮含量较高。因此,淤泥堆放区余水除造成水体浊度增大外,未对水体其余水质指标产生影响。依据《地表水环境质量标准》(GB 3838—2002),淤泥堆放区排水沟内水体除按总磷指标属于Ⅳ类水标准外,按其余指标水体属于Ⅲ类水以下标准。淤泥堆放区余水处理厂正在修建中,表层淤泥余水均在临时堆放区存储,暂未进行余水处理,未向南漪湖排放。对淤泥堆放区排水沟内水质指标进行分析可知,在汛期,排水沟内的余水有可能会流入南漪湖,其总磷含量依然会对南漪湖水质产生影响。

7.4 水生生态评估

根据南漪湖综合治理生态清淤工程施工方案,以试验工程实际施工区域位置为调查重点,以试验工程内施工区外及试验工程周边湖区为对照,开展系统的水生动植物调查监测,根据调查监测结果开展系统分析和评价,分析清淤对施工区域水生动植物的影响,提出南漪湖综合治理生态清淤区水生动植物生态恢复对策。

7.4.1 水生动植物调查监测方案

(1)调查监测时间

为科学评估清淤对施工区水生动植物的影响,于 2023 年 12 月下旬开展一次南漪湖综合治理生态清淤试验区水生动植物调查监测工作。调查及样品保存、测定分析方法参照《水生态监测技术指南 湖泊和水库水生生物监测与评价（试行）》（HJ 1296—2023）、《水库渔业资源调查规范》（SL 167—2014）、《淡水浮游生物研究方法》和《水域生态系统观测规范》。

（2）调查监测点位

依据相关规范要求，结合南漪湖综合治理生态清淤试验区的水生动植物分布特征，监测选取 12 个点位进行水生动植物监测，监测点位与水质监测点位一致，见图 7.3-1，为南漪湖综合治理生态清淤试验区水生动植物恢复对策研究提供数据依据。在图 7.3-1 中，Z1～Z4 为试验区外对照点位，Z5～Z8 为试验工程施工区域监测点位，Z9～Z12 为试验区工程施工区外监测点位。

（3）调查监测指标

主要监测南漪湖综合治理生态清淤试验区所在水域的浮游植物、浮游动物和底栖动物等；在南漪湖调查水生植物及鱼类情况。

（4）调查监测方法

1）浮游植物

①样品采集与分析。

样品采集使用 HQM-1 型有机玻璃采水器（5L）采表层水，所得水样取 1L 装于塑料瓶中，加入 15mL 鲁哥试剂固定样品。将装有样品的 1L 塑料瓶带回实验室静置 24h，抽掉 900mL 上清液，将剩余 100mL 样品转移至 100mL 量筒中静置 24h，再次抽取掉上清液 70mL，将所得浓缩液 30mL 装于 100mL 小瓶中。贴好标签，待计数用。

浮游植物样品在实验室用显微镜进行观察。样品在显微镜下用 0.1 mL 计数框装载，在 10×40 的放大倍数下进行种类鉴定及计数。

②观察计数。

取样制片：取样时左手持盛有水样的细口瓶，轻轻地充分摇荡数百次，使瓶内标本尽量均匀，摇好后立即将瓶盖打开，用 0.1mL 吸管在中心位置迅速准确吸取 0.1mL 的标本液，注入计数框中小心盖好盖玻片。盖盖玻片时应注意不让其产生气泡，否则重做。在天气干燥或气温高时，可在盖玻片周围涂上极薄的一层液体石蜡，以防止水分蒸发，产生气泡，影响计数结果。

观察计数：在 40 倍显微镜下，选择适当的视野进行计数。为使选择的视野位置均匀分布在计数框中，可利用计数框中的小方格来确定。确定观察的视野数要根据个体量的情况，通常每个视野平均有十几个个体时，数 50 个视野，如果平均每个视野有 5～6 个个体时，数 100 个视野。每瓶标本计数 3 片，取其平均值。若同一样品的 2

片计数结果和平均值之差大于其平均值的±15%,则其均值视为有效结果,否则必须计数第 4 片、第 5 片,直到达到要求。观察计数时,常常碰到某些个体仅有部分在视野中,可规定在视野上半圈者计,下半圈者不计。数量通常以细胞数来表示,所以对群体或丝状体,可提前计算好 10～20 个个体的平均细胞数。计数时应注意不要把微型浮游植物当作杂质而漏计。

计数计算:面积 20mm×20mm,容量为 0.1mL,其内划分横直各 10 行格,共 100 个小方格,计数单位为个体。把计数所得结果换算为每升水样中浮游植物的数量时采用下列计算公式:

$$N = (\frac{A}{A_c} \times \frac{V_s}{V_a}) \times n \tag{7.4-1}$$

式中,N —— 每升原水样中的浮游植物数量,个;

$\quad A_c$ —— 每个视野的面积,mm^2;

$\quad A$ —— 记数框的面积,mm^2;

$\quad V_s$ ——1L 水样经沉淀浓缩后的体积,mL;

$\quad V_a$ ——计数框的体积,mL;

$\quad n$ ——计数所得浮游植物的数目。

按照上述方法,V_s 为 30mL,V_a 为 0.1mL。

2)浮游动物

①样品的采集与分析。

浮游动物样品用采水器取得水样 20L,通过 25# 浮游生物网过滤,并将滤取的样品收集至标本瓶中,滤液加 5% 的福尔马林溶液固定,贴好标签,待计数用,浮游动物于倍数为 10×10 的显微镜下观察计数。

②观察计数。

容量为 1.0mL;对计数框进行全片计数。计数单位采用个体表示。每一计数样品取样和计数 3 次,取其平均值。把计数所得结果换算为每升水样中浮游动物的数量时采用下列计算公式:

$$N = (\frac{1}{V} \times \frac{V_s}{V_a}) \times n \tag{7.4-2}$$

式中,N ——每升水样中的浮游动物数量,个;

$\quad V_s$ ——30L 原水样经生物网浓缩后的体积,mL;

$\quad V$ ——原水样体积,L;

$\quad V_a$ ——计数框的体积,mL;

$\quad n$ ——计数所得浮游动物的数目。

按上述方法,V 为 30L,V_a 为 1.0mL。

3)底栖动物

使用面积为 0.025m² 的采泥器在各个样点河流底部进行底泥样品的采集,每站采集 4 次,带回实验室。所采底泥样品放入 60 目筛,用净水清洗,保留未过筛部分样品,用体积分数为 70% 的酒精进行固定后鉴定到种,计数、称重(软体动物带壳称重),最后进行分析。所参考分类学资料包括:《淡水生物学》(李永涵,1993)、《浙江动物志(软体动物)》(蔡如星等,1991)、《浙江动物志(甲壳类)》(魏崇德等,1991)、《中国动物志环节动物门》(孙瑞平等,1997,2004)和《中国经济软体动物》(齐锺彦,1998)等。

4)水生维管植物

水生维管植物指植物体全部或部分生长在水中或水面,适宜在水域生长的蕨类植物、裸子植物和被子植物等。通常包括沉水植物、浮水植物和挺水植物等。根据《南漪湖综合治理生态清淤试验工程项目环境影响报告书》,"南漪湖主要水生维管植物均分布在沿岸带。南漪湖湖体内部大型水生植物种类和生物量相对贫乏,尤其是沉水植物、浮叶植物等类型只有寥寥分布"。

因此,水生植物调查综合采用样线法和样方法在调查区域开展维管植物多样性调查。水生维管植物调查需配备防水工作服、高筒胶靴、橡胶手套、铁耙、锚型沉水植物打捞器、水桶等仪器工具,同时大型湖泊及河流水生维管植物调查需租用配备救生设备的船舶。

5)鱼类

①调查方法。

利用合适的网具在捕捞期对选择的水域进行捕捞,调查记录鱼类的种类和数量并采样分析,并通过对渔民、商贩、当地管理人员、相关专家等知情人访谈等形式来掌握物种的相关信息。

②调查原则。

调查样地和调查对象应具有代表性,能全面反映项目区域内鱼类物种多样性的整体概况;调查应考虑所拥有的人力、资金等条件,充分利用现有资料和成果,立足现有调查设备和人员条件,应采用效率高、成本低的调查方法;尽量采取非损伤性或损伤性小的调查取样方法。若要捕捉重点保护的水生野生动物作为样本或标志,必须获得相关主管部门的行政许可;鱼类的调查具有一定的野外工作特点,调查者应接受过相关的专业培训,调查过程中应做好安全防护措施。乘船作业期间,操作人员必须穿戴工作救生衣,禁止穿拖鞋作业;夜间作业要求两人以上,其中至少有一人会游泳,禁止单人作业。

南漪湖综合治理生态清淤试验工程水生动植物监测现场采样工作照见图 7.4-1。

（a） （b）

（c） （d）

图 7.4-1　水生动植物监测现场采样工作照

（5）生物多样性计算

1）Shannon-Wiener 多样性指数（H'）

H' 是表征物种和物种中个体分配上的均匀性的综合指标，反映群落结构复杂程度和稳定性。计算公式如下：

$$H' = -\sum_{i=1}^{S} \left(\frac{n_i}{N}\right) \log_2 \left(\frac{n_i}{N}\right) \tag{7.4-3}$$

式中，H'——物种的多样性指数；

　　N——样品生物总个体数；

　　n_i——第 i 种生物的个体数；

　　S——样品中的物种数。

H' 分级评价标准见表 7.4-1。

表 7.4-1 H' 分级评价标准

指数范围	级别	评价状态
$H'>3$	丰富	物种种类丰富,个体分布均匀
$2<H'\leqslant3$	较丰富	物种种类较多,个体分布比较均匀
$1<H'\leqslant2$	一般	物种种类较少,个体分布比较均匀
$0<H'\leqslant1$	贫乏	物种种类少,个体分布不均匀
$H'=0$	极贫乏	物种单一,多样性基本丧失

2)Goodnight 修正指数($G.B.I$)

计算公式如下:

$$G.B.I=\frac{N-Noli}{N} \tag{7.4-4}$$

式中,N——样品中大型底栖无脊椎动物的总个体数;

$Noli$——样品中寡毛类的个体数。

$G.B.I$ 的分级标准见表 7.4-2。

表 7.4-2 $G.B.I$ 分级评价标准

指数范围	污染状态
$0.40<G.B.I\leqslant1$	清洁至轻污染
$0.20<G.B.I\leqslant0.40$	中污染
$0<G.B.I\leqslant0.20$	重污染
$G.B.I=0$	严重污染

注:$G.B.I=0$ 表示样品中无底栖动物。

3)物种优势度指数(Y)

该指数表示群落中某一物种在其中所占优势的程度,计算公式如下:

$$Y=\frac{n_i}{N}f_i \tag{7.4-5}$$

式中,N——样品生物的总个体数;

n_i——第 i 种生物的个体数;

f_i——该物种在各监测点出现的频率。

当 $Y>0.02$ 时,该物种为群落中的优势种。

4)Pielou 均匀度指数(J)

该指数反映群落生物种数的均匀程度,计算公式如下:

$$J=\frac{H}{\ln S} \tag{7.4-6}$$

式中，H——物种的多样性指数；

  S——样品中的物种数。

5)Margalef 丰富度指数（D'）

该指数反映群落中物种的丰富度，计算公式如下：

$$D' = \frac{S-1}{\ln N} \tag{7.4-7}$$

式中：D'——丰度；

  N——样品生物的总个体数；

  S——样品中的物种数。

7.4.2　调查监测结果与分析

（1）浮游植物

1）种类组成

调查共监测出 5 门 37 属 49 种浮游植物，具体组成见表 7.4-3。其中，绿藻门和硅藻门分别有 19 种，分别约占所有检测出浮游植物种类数的 38.8%；裸藻门有 6 种（12.2%）；蓝藻门有 4 种（8.2%）；隐藻门有 1 种（2.0%）。各监测点的浮游植物种类数见图 7.4-2。

工程不同区域各门浮游植物种类数及其所占比例见表 7.4-4。从表 7.4-4 中可以看出，调查的南漪湖浮游植物中，各监测区域浮游植物种类都以硅藻门、绿藻门和蓝藻门为主。其中，施工区共监测出 30 种浮游植物，未施工区共监测出 35 种浮游植物，试验区外对照区共监测出 28 种浮游植物，3 个区域内浮游植物种类数量较为接近，可以看出南漪湖综合治理生态清淤工程实施后，湖区内浮游植物群落变化不大，生态稳定性较好，清淤工程对湖区内浮游植物影响较小。

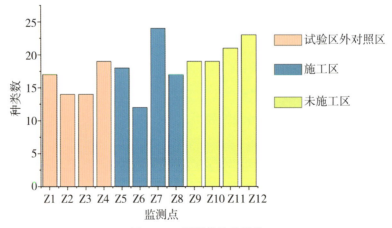

图 7.4-2　浮游植物种类数

表 7.4-3   南漪湖浮游植物种类组成

门别	属别	种别	学名
硅藻门	布纹藻属	尖布纹藻	*Gyrosigma acuminatum*
	脆杆藻属	脆杆藻(大)	*Fragilaria* sp.
	脆杆藻属	脆杆藻(小)	*Fragilaria* sp.
	辐节藻属	双头辐节藻	*Stauroneis anceps*
	菱形藻属	线形菱形藻	*N. linearis*
	菱形藻属	小头菱形藻	*N. microcephala*
	菱形藻属	菱形藻	*Nitzschia.* sp
	美壁藻属	短角美壁藻	*Caloneis sillicula*
	拟菱形藻属	尖刺拟菱形藻	*Pseudonitzschia pungens*
	桥弯藻属	尖头桥弯藻	*C. cuspidata*
	双菱藻属	双菱藻	*Surirella* sp.
	小环藻属	梅尼小环藻	*Cyclotella meneghiniana*
	小环藻属	小环藻	*Cyclotella*
	羽纹藻属	羽纹藻	*Pinnularia* sp.
	针杆藻属	肘状针杆藻	*Synedra ulna*
	针杆藻属	尖针杆藻	*Synedra acusvar*
	直链藻属	颗粒直链藻	*Melosira granulata*
	舟形藻属	简单舟形藻	*N. simplexa*
	舟形藻属	舟形藻	*Navicula.* sp
绿藻门	单针藻属	科马克单针藻	*Monoraphidium komarkovae*
	单针藻属	弓形单针藻	*Monoraphidium arcuatum*
	单针藻属	旋转单针藻	*Monoraphidium griffithii*
	弓形藻属	弓形藻	*Schroderia setigera*
	鼓藻属	钝鼓藻	*Cosmarium obtusatum*
	卵囊藻属	细小卵囊藻	*O. pusilla Hansgirg*
	拟粒囊藻属	假冠拟粒囊藻	*Granulocystopsis pseudocoronata*
	盘星藻属	单角盘星藻	*Pediatrum simplex*
	十字藻属	四足十字藻	*Crucigenia tetrapedia*
	水绵属	水绵	*Spirogyta* sp.
	网球藻属	网球藻	*Dictyosphaerium ehrenbergianum*
	小球藻属	小球藻	*Chlorella vulgaris*
	衣藻属	球衣藻	*Chlamydomonas*
	翼膜藻属	尖角翼膜藻	*Pteromonas aculeata*

续表

门别	属别	种别	学名
绿藻门	月牙藻属	小型月牙藻	*Selenastrum Minutum*
	栅藻属	二形栅藻	*Scenedesmus dimorphus*
	栅藻属	四尾栅藻	*Scenedesmus quadricauda*
	转板藻属	转板藻	*Mougeotia* sp.
	四角藻属	微小四角藻	*Tetraedron minimum*
蓝藻门	伪鱼腥藻属	伪鱼腥藻	*Pseudoanabaena* sp.
	颤藻属	颤藻	*Oscillatoria* sp.
	平裂藻属	细小平裂藻	*Merismopedia minima*
	鱼腥藻属	卷曲鱼腥藻	*Anabeana* sp.
裸藻门	扁裸藻属	曲尾扁裸藻	*Phacus lismorensis*
	裸藻属	尖尾裸藻	*Euglena oxyuris*
	裸藻属	绿色裸藻	*Euglena viridis*
	裸藻属	梭形裸藻	*Euglena acus*
	囊裸藻属	旋转囊裸藻	*Trachelomonas volvocina*
	囊裸藻属	奇异囊裸藻	*Trachelomonas mirabilis*
隐藻门	隐藻属	啮蚀隐藻	*Cryptomonaserosa*

表 7.4-4　　　　　　　　　工程不同区域各门浮游植物种类数及其所占比例

区域	种类数或所占比例	绿藻门	硅藻门	裸藻门	蓝藻门	隐藻门
施工区	种类数	12	10	3	4	1
	占比/%	40.0	33.3	10.0	13.3	3.4
未施工区	种类数	13	14	4	3	1
	占比/%	37.1	40.0	11.4	8.6	2.9
试验区外对照区	种类数	10	11	3	3	1
	占比/%	35.7	39.3	10.7	10.7	3.6
未施工区与施工区占比对比/个百分点		−2.9	+6.9	+1.4	−4.7	−0.5
未施工区与对照区占比对比/个百分点		+1.4	+0.7	+0.7	−2.1	−0.7
施工区与对照区占比对比/个百分点		+4.3	−6.0	−0.7	+2.6	−0.2

注："+"代表多,"−"代表少;未施工区与施工区对比即用未施工区数据减施工区数据;未施工区与对照区对比即用未施工区数据减对照区数据;施工区与对照区对比即用施工区数据减对照区数据。表7.4-5、表7.4-7、表7.4-9、表7.4-10、表7.4-12、表7.4-15、表7.4-17同此表。

2)密度

南漪湖试验区浮游植物密度分布见图 7.4-3。调查湖区浮游植物平均密度为 1.88×10^6 cell/L。其中,施工区浮游植物密度为 1.93×10^6 cell/L,未施工区浮游植物密度 2.19×10^6 cell/L,对照区浮游植物密度为 1.51×106 cell/L。浮游植物密度大于 2.5×10^6 cell/L 的区域为 Z7、Z10,分别属于施工区和非施工区,小于 1.25×10^6 cell/L 的区域为 Z1、Z8,分别属于施工区和对照区。从整体上看,对照区浮游植物平均密度低,未施工区浮游植物平均密度高,说明本工程生态清淤对浮游植物密度没有明显影响。

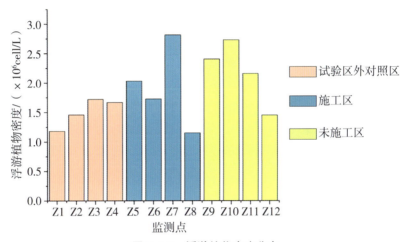

图 7.4-3　浮游植物密度分布

工程不同区域各门浮游植物平均密度及其所占比例见表 7.4-5。从表 7.4-5 中可以看出,调查南漪湖浮游植物中,蓝藻门密度占比在各个区域都占主要地位,在施工区、非施工区、试验区外对照区分别占总密度的 50.2%、38.3%、38.2%;其次是绿藻门,在施工区、非施工区、试验区外对照区分别占总密度的 29.6%、35.5%、32.9%;硅藻门在施工区、非施工区、试验区外对照区分别占总密度的 16.4%、22.8%、24.5%。

表 7.4-5　　　　　　　　工程不同区域各门浮游植物平均密度及其所占比例

区域	平均密度或所占比例	绿藻门	硅藻门	裸藻门	蓝藻门	隐藻门
施工区	平均密度/($\times 10^5$ cell/L)	5.70	3.20	0.06	9.70	0.68
	占比/%	29.6	16.4	0.3	50.2	3.5
未施工区	平均密度/($\times 10^5$ cell/L)	7.80	5.00	0.09	8.40	0.66
	占比/%	35.5	22.8	0.4	38.3	3.0

区域	平均密度或所占比例	绿藻门	硅藻门	裸藻门	蓝藻门	隐藻门
试验区外对照区	平均密度/($\times 10^5$ cell/L)	5.00	3.70	0.06	5.80	0.60
	占比/%	32.9	24.5	0.4	38.2	4.0
未施工区与施工区占比对比/个百分点		+5.9	+6.5	+0.1	−11.9	−0.5
未施工区与对照区占比对比/个百分点		+2.5	−1.6	0.0	+0.1	−1.0
施工区与对照区占比对比/个百分点		−3.3	−8.1	−0.1	+12.0	−0.5

3)优势种

根据式(7.4-5)计算各个物种的优势度指数,当 $Y > 0.02$ 时,可以认为该物种是群落中的优势种。在本次调查中,整个湖区的优势种共有 4 门 6 种。其中,硅藻门 1 种,为颗粒直链藻(*Melosira granulata*);蓝藻门 2 种,分别为细小平裂藻(*Merismopedia minima*)和卷曲鱼腥藻(*Anabeana* sp.);绿藻门 2 种,分别为水绵(*Spirogyta* sp.)和转板藻(*Mougeotia* sp.);隐藻门 1 种,为啮蚀隐藻(*Cryptomonas erosa*)。

工程不同区域浮游植物优势种类及 Y 值见表 7.4-6。从表 7.4-6 中可以看出,施工区优势种有 6 种,以蓝藻门的卷曲鱼腥藻为主;未施工区优势种有 5 种,以颗粒直链藻和卷曲鱼腥藻为主;对照区优势种有 4 种,以颗粒直链藻、卷曲鱼腥藻和转板藻为主。

从优势物种可以看出,优势物种变化较大的主要集中在硅藻门、蓝藻门和绿藻门,隐藻门几乎没有变化。比较硅藻门、蓝藻门和绿藻门发现,试验区外对照区优势物种的 Y 值比较均匀,具有较高的生态稳定性,而施工区的卷曲鱼腥藻的 Y 值(0.44)远高于其他优势物种。可能是清淤导致淤泥中的营养物质释放到水体,进而使蓝藻门的卷曲鱼腥藻大量增殖,挤占其他优势物种的生存空间;同时,阳光射入减少,光合作用减弱,最终卷曲鱼腥藻成为施工区最主要的优势物种。未施工区部分物种与施工区物种的 Y 值较为接近,如颗粒直链藻、转板藻、啮蚀隐藻等。从总体上看,工程不同区域优势种类变化不大,并且清淤工程施工区增加了新的优势物种,说明清淤有利于浮游植物生态结构的稳定性。

表 7.4-6　　　　　　　　　　工程不同区域浮游植物优势种类及 **Y** 值

门类	优势物种	Y 值		
		施工区	未施工区	试验区外对照区
硅藻门	颗粒直链藻	0.07	0.2	0.22
蓝藻门	细小平裂藻	0.02		
	卷曲鱼腥藻	0.44	0.36	0.37
绿藻门	水绵	0.05	0.13	
	转板藻	0.07	0.08	0.28
隐藻门	啮蚀隐藻	0.03	0.03	0.04

4）多样性指数

南漪湖生态清淤工程不同区域浮游植物 Shannon-Wiener 多样性指数（H'）、Pielou 均匀度指数（J）和 Margalef 指数（D）见表 7.4-7。从表 7.4-7 中可以看出，试验区外对照区浮游植物 H'、J 和 D 分别为 2.40、0.72 和 3.91，浮游植物较为丰富，物种种类较高，个体分布均匀；施工区浮游植物的 H'、J 和 D 分别为 2.74、0.81 和 4.05；未施工区浮游植物的 H'、J 和 D 分别为 2.75、0.77 和 4.67。未施工区与施工区相比，浮游植物的 H' 和 D 分别多 0.01 和 0.62，J 少 0.03。可见生态清淤后，南漪湖湖区浮游植物多样性指数没有显著变化，施工对浮游植物多样性指数影响较小。

浮游植物 H' 和 D 差别较为明显，出现施工区指数略大于试验区外对照区的现象，很有可能是清淤导致淤泥中的营养物质释放到水体，使蓝藻门大量增殖，进而使施工区的浮游植物多样性和丰富度增加；而未施工区与施工区浮游植物多样性和丰富度相差不大，可能是未施工区与施工区处在同一拦污屏内，淤泥中营养物质扩散至未施工区，导致未施工区蓝藻门大量增殖，提高了未施工区的浮游植物丰富度，相比之下均匀度在施工前后并无明显变化。各区域内浮游植物种类组成、密度及丰富度基本保持一致，可见在生态清淤过程中虽然湖底的营养物质被释放到水体，导致浮游植物的组成出现变化，但是并没有破坏浮游植物的多样性、丰富度及均匀度，并且在整个清淤过程中没有对浮游植物群落造成不可逆的破坏。

表 7.4-7　　　　　　工程不同区域浮游植物多样性指数 H'、J 和 D 对比情况

区域	H'	J	D
施工区	2.74	0.81	4.05
未施工区	2.75	0.77	4.67
试验区外对照区	2.40	0.72	3.91
未施工区与施工区对比	＋0.01	－0.03	＋0.62

区域	H'	J	D
未施工区与对照区对比	+0.35	+0.05	+0.76
施工区与对照区对比	+0.34	+0.09	+0.14

（2）浮游动物

1）种类组成

调查共监测出 17 种浮游动物，具体组成见表 7.4-8。其中，轮虫的种类最多，有 10 种，占总浮游动物种类的 58.82%；其次是枝角类（4 种），占总浮游动物种类的 23.52%；桡足类有 3 种，占浮游动物种类的 17.66%。此外，未施工区域 Z3 和 Z4 的浮游动物数量种类最多，有 14 种；而施工区域 Z6 和 Z8 的种类最少，有 8 种。

表 7.4-8　　　　　　　　　　　南漪湖浮游动物种类组成及分布

类别	属别	种别	学名
桡足类	幼体	桡足幼体	*Copepoda larve*
	幼体	无节幼体	*Nauplii*
	中剑水蚤属	广布中剑水蚤	*Mesocyclops leuckarti*
枝角类	象鼻溞属	简弧象鼻溞	*Bosmina coregoni*
	象鼻溞属	长额象鼻溞	*Bosmina longirostris*
	溞属	僧帽溞	*Daphnia cuculiata*
	秀体溞属	短尾秀体溞	*Diaphanosoma brachyurun*
轮虫类	晶囊轮属	晶囊轮虫	*Asplanchna* sp.
	臂尾轮虫属	萼花臂尾轮虫	*Brachionus calyciflorus*
	臂尾轮虫属	褶皱臂尾轮虫	*Brachionus plicatilis*
	巨头轮虫属	巨头轮虫	*Cephalodella* sp.
	三肢轮属	长三肢轮虫	*Filinia longiseta*
	龟甲轮属	螺形龟甲轮虫	*Keratella cochlearis*
	龟甲轮属	无棘螺形龟甲轮虫	*Keratella cochlearis tecta*
	龟甲轮属	热带龟甲轮虫	*Keratella tropica*
	多肢轮属	多肢轮虫	*Polyarthra* sp.
	疣毛轮属	疣毛轮虫	*Synchaeta* sp.

各监测点的浮游动物种类数见图 7.4-4。

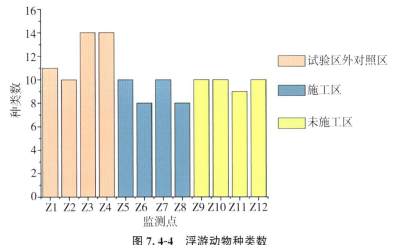

图 7.4-4　浮游动物种类数

工程不同区域浮游动物种类数及其所占比例见表 7.4-9。施工区共观察到 12 种浮游动物,其中,轮虫种类数最多,占比 58.3%;桡足类和枝角类的比例相对较低,分别为 25.0% 和 16.7%。未施工区共观察到 11 种浮游动物,轮虫种类数仍为最多,占比 54.5%。试验区外对照区观察到的浮游动物种类最多,为 15 种,轮虫种类数仍为最多,占比 60.0%。从整体上看,施工区和未施工区浮游动物种类数低于对照区,表明生态清淤工程施工可能对试验区浮游动物多样性有一定的影响,但总体数量差距不大,表明影响不是很大。

表 7.4-9　　　　　　　　　　工程不同区域浮游动物种类数及其所占比例

区域	种类数或所占比例	轮虫	桡足类	枝角类
施工区	种类数	7	3	2
	占比/%	58.3	25.0	16.7
未施工区	种类数	6	2	3
	占比/%	54.5	18.2	27.3
试验区外对照区	种类数	9	3	3
	占比/%	60.0	20.0	20.0
未施工区与施工区占比对比/个百分点		−3.8	−6.8	+10.6
未施工区与对照区占比对比/个百分点		−5.5	−1.8	+7.3
施工区与对照区占比对比/个百分点		+1.7	−5	−3.3

2)密度

南漪湖试验区浮游动物密度分布见图 7.4-5。调查的湖区浮游动物平均密度为 123.42ind./L,变动范围为 38~264ind./L。浮游动物密度大于 200ind./L 的区域为试验区外对照区 Z3、Z4,小于 50ind./L 的区域为未施工区 Z9、Z10。采样分析发现,轮虫类占优势,占浮游动物总密度的 62.42%;其次为桡足类,占浮游动物总密度的 19.80%;再者为枝角类,占浮游动物总密度的 17.78%。

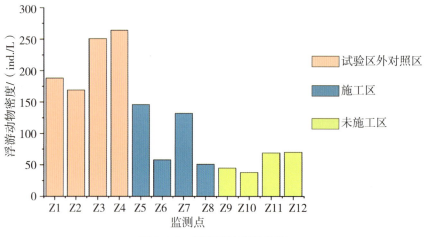

图 7.4-5 浮游动物密度分布

调查的南漪湖浮游动物中,试验区外对照区浮游动物密度最高,达到 218ind./L,表明南漪湖湖区存在较好的生态环境和生物多样性;施工区和未施工区的浮游动物密度分别为 96.8ind./L 和 55.5ind./L,表明生态清淤工程施工可能对浮游动物种群数量产生了一定的不利影响。工程不同区域浮游动物密度所占比例见表 7.4-10。从物种密度占比看,轮虫类仍占比最多,3 个区域轮虫类占总密度比例均超过 60.0%,其中施工区占比最高,为 64.9%。

表 7.4-10 工程不同区域浮游动物密度所占比例

区域	轮虫密度占比/%	桡足类密度占比/%	枝角类密度占比/%
施工区	64.9	20.9	14.2
未施工区	60.4	16.2	23.4
试验区外对照区	62.0	22.2	15.7
未施工区与施工区 密度占比对比/个百分点	−4.5	−4.7	+9.2
未施工区与对照区 密度占比对比/个百分点	−1.6	−6.0	+7.7
施工区与对照区 密度占比对比/个百分点	+2.9	+1.3	−1.5

从整体上看,施工区与未施工区浮游动物群落组成和密度较为接近,且明显低于

试验区外对照区,表明施工方布设的拦污屏对保护试验区外浮游动物不受影响具有较为明显的作用。施工结束后,试验区外丰富稳定的浮游动物生态系统对试验区浮游动物群落恢复具备必要的基础条件。

3)优势种

总体上,本次调查共发现了 10 种优势物种。其中,轮虫优势种有 6 种,分别为晶囊轮虫(Asplanchna sp.)、萼花臂尾轮虫(Brachionus calycifloru)、螺形龟甲轮虫(Keratella cochlearis)、无棘螺形龟甲轮虫(Keratella cochlearis tecta)、热带龟甲轮虫(Keratella tropica)和多肢轮虫(Polyarthra sp.);桡足类优势种有 2 种,桡足幼体(Copepoda larve)和广布中剑水蚤(Mesocyclops leuckarti);枝角类优势种有 2 种,长额象鼻溞(Bosmina longirostris)和僧帽溞(Daphnia cuculiata)。

工程不同区域浮游动物优势种见表 7.4-11,在 3 个区域(施工区、未施工区和试验区外对照区)中,有几种浮游动物是共同的优势种,如晶囊轮虫、螺形龟甲轮虫、无棘螺形龟甲轮虫、多肢轮虫和桡足幼体。这表明这些物种可能对环境变化有较强的适应能力,或者它们在南漪湖水域中普遍占据主导地位。施工区有一些独特的优势种,如萼花臂尾轮虫、热带龟甲轮虫和广布中剑水蚤,而这些在未施工区和对照区未被列为优势种。未施工区疣毛轮虫和简弧象鼻溞为优势种,而这两种在其他两个区域并未被列为优势种。对照区与施工区的优势种相似,但没有疣毛轮虫和简弧象鼻溞。从浮游动物类别来看,轮虫类是 3 个区域中最常见的优势种,占据了优势种列表的大部分。

表 7.4-11 工程不同区域浮游动物优势种

时期	优势种
施工区	晶囊轮虫、萼花臂尾轮虫、螺形龟甲轮虫、无棘螺形龟甲轮虫、热带龟甲轮虫、多肢轮虫、桡足幼体、广布中剑水蚤、长额象鼻溞、僧帽溞
未施工区	晶囊轮虫、螺形龟甲轮虫、无棘螺形龟甲轮虫、多肢轮虫、疣毛轮虫、桡足幼体、无节幼体、简弧象鼻溞、长额象鼻溞、僧帽溞
试验区外对照区	晶囊轮虫、萼花臂尾轮虫、螺形龟甲轮虫、无棘螺形龟甲轮虫、热带龟甲轮虫、多肢轮虫、桡足幼体、广布中剑水蚤、长额象鼻溞、僧帽溞

4)多样性指数

南漪湖生态清淤工程不同区域浮游动物 Shannon-Wiener 多样性指数(H')、Pielou 均匀度指数(J)和 Margalef 指数(D)见表 7.4-12。

表 7.4-12　　　　　工程不同区域浮游动物多样性指数 *H′*、*J* 和 *D* 对比情况

区域	*H′*	*J*	*D*
施工区	0.720	0.158	2.040
未施工区	0.950	0.253	1.690
试验区外对照区	1.100	0.358	0.060
未施工区与施工区对比	+0.230	+0.095	−0.350
未施工区与对照区对比	−0.150	−0.105	+1.630
施工区与对照区对比	−0.380	−0.200	+1.980

从表 7.4-12 可以看出,对照区浮游动物 *H′* 为 1.100,浮游动物多样性最为丰富;其次是未施工区,浮游动物 *H′* 为 0.950;施工区浮游动物 *H′* 最低,为 0.720。浮游动物 *J* 与 *H′* 趋势一致,对照区最高,施工区最低,表明生态清淤施工对浮游动物多样性和均匀度均有所影响。

(3)底栖动物

1)种类组成

调查共监测出 3 门 8 种底栖动物,种类组成见表 7.4-13。其中,节肢动物门 4 种,软体动物门 3 种,环节动物门 1 种,分别占底栖动物组成的 50.0%、37.5% 和 12.5%。底栖动物种类数见图 7.4-6,工程不同区域各门底栖动物种类见表 7.4-14。从图 7.4-6 和表 7.4-14 中可以看出,3 个监测区域内底栖动物种类差别不大,除了施工区节肢动物门少一种,其他区域的底栖动物种类数并没有变化,都是 8 种,说明生态清淤施工对底栖动物生态并没有造成较大影响。

表 7.4-13　　　　　　　　　南漪湖底栖动物种类组成

门别	种属别	学名
软体动物门	石田螺属	*Sinotaia* sp.
	河蚬	*Corbicula fluminea*
	中华沼螺	*Parafossarulussinensis*
环节动物门	水丝蚓属	*Limnodrilus* sp.
节肢动物门	中国长足摇蚊	*Tanypus chinensis*
	喙隐摇蚊	*Cryptochironomus rostratus*
	粗腹摇蚊幼虫	*Pelopia* sp.
	前突摇蚊幼虫	*Prodadius* sp.

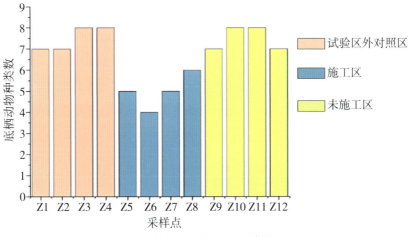

图 7.4-6　底栖动物种类数

表 7.4-14　　　　　　　　　　　工程不同区域各门底栖动物种类

区域	节肢动物门	软体动物门	环节动物门	总计
施工区	3	3	1	7
未施工区	4	3	1	8
施工区外对照区	4	3	1	8

2）密度

南漪湖试验区底栖动物密度分布见图 7.4-7。调查的湖区浮游动物平均密度为 105.8ind/m² ,其中施工区底栖动物密度为 67.5ind/m² ,未施工区底栖动物密度为 107.5ind/m² ,对照区底栖动物密度为 142.5ind/m² 。从整体上看,施工区底栖动物密度最低,说明生态清淤施工对南漪湖试验区底栖动物密度有一定影响。

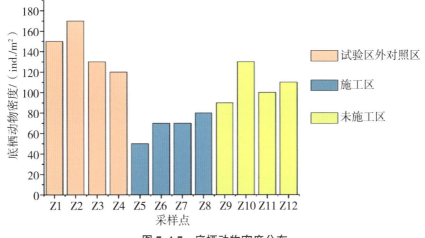

图 7.4-7　底栖动物密度分布

工程不同区域各门底栖动物平均密度及其所占比例见表 7.4-15。调查的南漪湖底栖动物中,未施工区和对照区都以节肢动物门为主,其次是软体动物门;而施工区则以软体动物门为主,其次是环节动物门。可能是生态清淤施工对试验区内底栖动物生态环境造成一定破坏,导致原来优势种的部分节肢动物逃离或死亡,而软体动物和环节动物对环境变化有更好的适应能力,动物密度减少相对较少,从而使密度占比有所增加。

表 7.4-15　　　　　工程不同区域各门底栖动物平均密度及其所占比例

区域	平均密度或所占比例	节肢动物门	软体动物门	环节动物门
施工区	平均密度/(ind./m²)	20.0	25.0	22.5
	占比/%	29.6	37.0	33.3
未施工区	平均密度/(ind./m²)	50.0	32.5	25.0
	占比/%	46.5	30.2	23.3
试验区外对照区	平均密度/(ind./m²)	70.0	42.5	30.0
	占比/%	49.1	29.8	21.1
未施工区与施工区占比对比/个百分点		+16.9	−6.8	−10.1
未施工区与对照区占比对比/个百分点		−2.6	+0.4	+2.2
施工区与对照区占比对比/个百分点		−19.5	+7.2	+12.3

3)优势种

根据式(7.4-5)计算各个物种的优势度指数,当 $Y>0.02$ 时,可以认为该物种是群落中的优势种。在底栖动物调查中,整个湖区的优势种共有 3 门 8 种。其中,环节动物门 1 种,为水丝蚓属(Limnodrilus sp.);节肢动物门 4 种,分别为中国长足摇蚊(Tanypus chinensis)、喙隐摇蚊(Cryptochironomus rostratus)、粗腹摇蚊幼虫(Pelopia sp.)和前突摇蚊幼虫(Prodadius sp.);软体动物门则有 3 种分别为中华沼螺(Parafossarulussinensis),河蚬(Corbicula fluminea),石田螺属(Sinotaia sp.)。

工程不同区域底栖动物优势种类及 Y 值见表 7.4-16,对照区的优势种有 7 种,以水丝蚓属和中国长足摇蚊为主;施工区优势种有 5 种,以水丝蚓属为主;未施工区优势种有 8 种,以水丝蚓属为主。与对照区相比,施工区优势种新增了石田螺属(软体动物门),减少了中国长足摇蚊(节肢动物门),喙隐摇蚊(节肢动物门)和河蚬(软体动物门),而未施工区优势种则新增了石田螺属(软体动物门)。

表 7.4-16   工程不同区域底栖动物优势种类及 Y 值

门类	优势物种	Y 值		
		施工区	未施工区	试验区外对照区
环节动物门	水丝蚓属	0.33	0.23	0.21
节肢动物门	中国长足摇蚊		0.16	0.21
	喙隐摇蚊		0.09	0.14
	粗腹摇蚊幼虫	0.14	0.11	0.07
	前突摇蚊幼虫	0.08	0.09	0.07
软体动物门	石田螺属	0.11	0.11	
	河蚬		0.03	0.12
	中华沼螺	0.11	0.11	0.14

从各监测区域内优势物种分布可以看出,水丝蚓属在各个时期都是优势种,说明水丝蚓属具有较强的生境适应能力,清淤并不会改变它的生态地位。与对照区相比,施工区的节肢动物门的优势种减少 2 种,软体动物门则增加了 1 种。这种变化与密度监测中施工区节肢动物门密度占比下降,而软体动物门密度占比增加相对应。这很有可能是生态清淤施工破坏了底栖动物的生态环境,导致中国长足摇蚊和喙隐摇蚊的逃离或死亡,不再成为优势物种。

4)多样性指数

南漪湖生态清淤工程不同区域底栖动物 Shannon-Wiener 多样性指数(H')、Pielou 均匀度指数(J)、Margalef 指数(D)和 Goodnight 修正指数($G.B.I$)见表 7.4-17。

表 7.4-17   工程不同区域底栖动物多样性指数 H'、J、D' 和 $G.B.I.$ 对比情况

区域	H'	J	D	$G.B.I$
施工区	2.56	0.78	1.82	0.67
未施工区	2.90	0.77	1.86	0.77
试验区外对照区	2.82	0.70	1.73	0.79
未施工区与施工区对比	+0.34	+0.01	+0.04	+0.10
未施工区与对照区对比	+0.08	+0.07	+0.13	−0.02
施工区与对照区对比	−0.26	+0.08	+0.09	−0.12

从表 7.4-17 看出,对照区底栖动物 H'、J、D 和 $G.B.I$ 分别为 2.82、0.70、1.73 和 0.79,底栖动物较为丰富,物种种类较高,个体分布比较均匀;与对照区相比,施工区的 H' 和 $G.B.I$ 分别降低了 0.26 和 0.12,而 J 和 D 分别增加了 0.08 和 0.09;未施工区 H'、J 和 D 分别增加了 0.08、0.07 和 0.13,而 $G.B.I$ 降低了 0.02,变化

不大。

从 H' 变化看,施工区底栖动物多样性最低,说明生态清淤施工对试验区内底栖动物多样性存在一定影响。从 H' 值看,施工区底栖动物多样性指数数值较对照区少 0.26,差距不大,说明生态清淤施工对试验区内底栖动物多样性影响较小。从底栖动物 J 和 D 看,施工区与未施工区、对照区差距不大,且变化无趋势,说明生态清淤施工对试验区内底栖动物均匀度和丰富度无明显影响。

(4)水生植物

1)物种组成

结合现场调查和资料收集,南漪湖水生植物主要分布在沿岸浅水湖区及大堤内的沿岸湿地,分布面积约 $0.93km^2$,占南漪湖面积的 0.80%。经过调查整理,依据《安徽植物志》和《中国高等植物图鉴》,南漪湖湖区包括湖内、湖周等,共记录水生维管植物 10 科 17 属 20 种,其中绝大多数为被子植物门,少量为蕨类植物门。南漪湖水生维管植物分布见表 7.4-18。其中,双子叶植物纲为 5 科 9 属 8 种,占水生维管植物总数的 40%;单子叶植物纲为 3 科 8 属 10 种,占水生维管植物总数的 50%;蕨类植物 2 种,占水生维管植物总数的 10%。所记录植物的生活类型包括挺水植物、沉水植物、浮叶植物、漂浮植物、湿生植物。

表 7.4-18　　　　　　　　　　南漪湖水生维管植物分布

中文名	学名	分布区域
芦苇	*Phragmites australis*	全湖沿岸,北岸居多
浮叶眼子菜	*Potamogeton natans* L.	全湖沿岸,东湖区居多
南荻	*Miscanthus lutarioriparius*	主要为南姥咀半岛两侧,其他区域零散
喜旱莲子草	*Alternanthera philoxeroides*	全湖沿岸
竹叶眼子菜	*Potamogeton malaianus*	西湖区
轮叶黑藻	*Hydrilla verticillata*	东湖区
菱(属)	*Trapa* sp.	西湖区
马来眼子菜	*P. malaianis Miq*	东湖区及西湖区西北部
水鳖	*Hydrocharis dubia*	东湖区及西湖区西北部
荇菜	*Nymphoides peltata*	东湖区及西湖区西北部
苦草	*Vallisineria spiralist* L.	全湖周湿地带分布
蓼(属)	*Polygonum* sp.	全湖周湿地带
稗(属)	*Echinochloa* sp.	全湖周湿地带
狗牙根	*Cynodon dactylon*	全湖周湿地带
莎草(属)	*Cyperus* sp.	全湖周湿地带

续表

中文名	学名	分布区域
薹草（属）	*Carex* sp.	全湖周湿地带
蒿（属）	*Artemisia* sp.	全湖周湿地带

根据《南漪湖综合治理生态清淤试验工程项目环境影响评价报告书》对南漪湖水生植物的现状调查结果，南漪湖水体中主要有挺水植物、沉水植物、浮叶植物、漂浮植物。其中，挺水植物主要分布在汪联河口和南姥咀半岛两侧沿岸水陆交错带；沉水植物零星分布在东湖区近岸区域；浮叶植物零星分布在武村河口至汪联河的近岸区域；漂浮植物在西湖区大金山至南姥咀沿湖有少量分布，在东湖区的北部水域零散分布。大堤内湿地植物带具有较高生物量，植物群落覆盖度可达40%～60%，以挺水植物和湿生植物占绝对优势。

根据走访调查施工人员，2023年4—7月，本工程试验区内不超过2m水深区域生长大量浮叶植物，主要为菱角；水深超过2m的航道及疏浚区域浮叶植物大幅减少，只有零星分布。8月菱角等浮叶植物集中死亡腐烂后沉入湖底，造成部分区域水质恶化并伴随臭味。

2）群落科、属种分布

水生维管植物科、属、种统计见表7.4-19。按照植物科内的属数排列，禾本科15属、菊科9属，分别占总属数的20.27%和12.16%；其他占优势的科为豆科5属；仅包含1属的科有26科，科数占总科数的72.22%，属数占总属数的35.14%。

按照植物科内的种数排列，南漪湖水生植物群落种数最多的是禾本科17种，其次为菊科10种，蓼科7种，这三科植物占总种数的40.47%。其他1属1种的植物占总种数的27.37%。南漪湖水生维管植物以单属科、单种属为主，寡种属和单种属能代表植物区系的发生和发展，说明南漪湖水生植物多样性比较丰富。经现场调查，生态清淤施工采用"环保绞吸＋拦污屏＋吸泥管＋排泥管"的工艺，基本不占用生态清淤试验区附近水生植物主要分布区的沿岸浅水区及大堤内沿岸湿地，对水生植物基本无影响。

表 7.4-19　　　　　　　　　水生维管植物科、属、种统计

科名	属数	种数	占总属数比例/%	占总种数比例/%	科名	属数	种数	占总属数比例/%	占总种数比例/%
木贼科	1	1	1.35	1.19	泽泻科	1	1	1.35	1.19
凤尾蕨科	1	1	1.35	1.19	水鳖科	3	3	4.05	3.57
槐叶蘋科	1	1	1.35	1.19	禾本科	15	17	20.27	20.24

科名	属数	种数	占总属数比例/%	占总种数比例/%	科名	属数	种数	占总属数比例/%	占总种数比例/%
蓼科	3	7	4.05	8.33	莎草科	4	4	5.41	4.76
苋科	3	3	4.05	3.57	浮萍科	1	1	1.35	1.19
莲科	1	1	1.35	1.19	雨久花科	1	1	1.35	1.19
睡莲科	1	1	1.35	1.19	灯心草科	1	1	1.35	1.19
千屈菜科	1	2	1.35	2.38	桑科	2	2	2.70	2.38
小二仙草科	1	1	1.35	1.19	大戟科	1	1	1.35	1.19
伞形科	2	2	2.70	2.38	豆科	5	5	6.76	5.95
睡菜科	1	1	1.35	1.19	锦葵科	2	2	2.70	2.38
旋花科	1	1	1.35	1.19	茄科	1	1	1.35	1.19
唇形科	1	1	1.35	1.19	马鞭草科	1	1	1.35	1.19
列当科	1	1	1.35	1.19	叶下珠科	1	1	1.4	1.19
葫芦科	1	1	1.35	1.19	茜草科	1	1	1.35	1.19
菊科	9	10	12.16	11.90	竹芋科	1	1	1.35	1.19
香蒲科	1	2	1.35	2.38	车前科	1	1	1.35	1.19
眼子菜科	1	2	1.35	2.38	夹竹桃科	1	1	1.35	1.19

3)调查结论

①南漪湖水生维管植物主要分布在沿岸带,且季节性变动大。秋、冬季南漪湖湖体内部大型水生植物种类和生物量相对贫乏,尤其是沉水植物、浮叶植物等类型寥寥无几;春、夏季南漪湖湖体内不超过2m水深区域大量生长菱角等浮叶植物,如打捞不及时,会对南漪湖水质产生较大影响。

②南漪湖大堤内的高等植物以挺水植物和湿生植物为主,禾本科植物占据优势。植物分布区类型相对丰富。

③2021年前,南漪湖主要养殖河蟹,种植苦草和黑藻,受养殖影响,湖区水体透明度下降,湖区内大型水生植物种类和生物量相对贫乏,尤其是湖区内水深超过1m的区域,未发现沉水植物等类型生长。

④工程采用环保绞吸工艺,疏浚后湖体水深超过2m后,菱角等类型浮叶植物生长大幅减少,对湖区水质改善具有促进作用;工程不占用南漪湖沿岸带,对沿岸带水生维管植物影响较小;试验区距离南漪湖湖堤堤脚大于1km,该区域沉水植物较少,暂不会对沉水植物产生影响。

（5）鱼类

1）鱼类组成

走访当地渔民，同时在捕鱼期收网时对鱼类进行调查，共收集到鱼类 7 科 28 种，鱼类组成及分布见表 7.4-20。从鱼类分类地位组成情况来看，该地区的鱼类以鲤科占绝对优势，有 19 种，占总种数的 67.8％。其中，鲤科鱼类中以翘嘴鲌为主，其次是红鳍鲌和蒙古红鲌；鳘科鱼类 4 种，占鱼类总种类数的 14.2％；鲖科、刺鳅科、鲇科、鮨科和鳗科各 1 种，分别占总种数的 3.6％。主要经济鱼类有青鱼、草鱼、鲢、鳙、鲤、鲫、鳜、鲇等。按食性可将调查区内鱼类分为 6 个类型：①以食浮游藻类为主的鲢、银鲴等；②以食浮游动物为主的鳙等；③以食底栖无脊椎动物为主的蛇鉤、青鱼、黄颡鱼等；④以食水生高等植物和腐屑为主的草鱼、黄尾鲴等；⑤食其他鱼类的翘嘴鲌、鲇、鳜等；⑥广食性的鲤、鲫等。

表 7.4-20　　　　　　　　　　　　南漪湖鱼类组成及分布

科别	种别	学名
鲤科	蒙古鲌	*Erythrocultermongolicus*
	贝氏鳘	*Hemiculterbleekeri*
	鳊	*Parabramispekinensis*
	达氏鲌	*Culterdabryi*
	黑鳍鳈	*Sarcocheilichthysnigripinnis*
	红鳍鲌	*Chanodichthyserythropterus*
	华鳈	*Sarcocheilichthyssinensis*
	鳙	*Aristichthysmobilis*
	鲫	*Carassiusauratus*
	鲤	*Cyprinuscarpio*
	鲢	*Hypophthalmichthysmolitrix*
	麦瑞加拉鲮	*Mrigalcarp*
	蒙古红鲌	*Cultermonggolicus*
	银鉤	*Squalidusargentatus*
	翘嘴鲌	*Culteralburnus*
	蛇鉤	*SaurogobiodabryiBleeker*
	似鳊	*Pseudobramasimoni*
	兴凯鱊	*Acheilognathuschankaensis*
	银鲴	*Xenocyprisargentea*

续表

科别	种别	学名
鲿科	长须黄颡鱼	*Pelteobagruseupogon*
	黄颡鱼	*Pseudobagrusfulvidraco*
	光泽黄颡鱼	*Pelteobaggrusnitidus*
	粗唇鮠	*Leiocassiscrassilabris*
鲴科	黄尾鲴	*Xenocyprisdavidi*
鲇科	鲇	*Silurusasotus*
鲐科	鳜	*Siniperchachuatsi*
鳀科	鲚	*Coilianasus*
刺鳅科	中华刺鳅	*Mastacembelusaculeatus*

2)渔获量

经调查,南漪湖水域禁渔期为每年 3 月 20 日—8 月 28 日。捕鱼期渔民捕鱼方式主要分为 3 种:①银毛滤网捕捞,此种捕捞户较少,仅有 23 户,主要捕捞银鱼;②地笼捕捞,该种方式不受禁渔期限制,主要捕捞青虾、螺蛳及少量鱼类;③网播捕捞,该种方式仅可在捕捞期使用。

根据走访调研,2023 年南漪湖银鱼产量已逐步恢复到历史最高水平,渔获量达到约 200t。这反映南漪湖水质在逐渐好转。但南漪湖渔获总量和种类较往年有所下降,并且渔获种类以翘嘴鲌为主,鲢、鲫次之,草鱼、鳙、鲤、鳜等经济鱼类数量较少。根据资料收集和调查分析,2022—2023 年南漪湖来水有所下降,造成南漪湖水位较低,进而导致南漪湖湖区浮游生物、底栖生物等饵料生物减少,鱼类种群及产量较往年有所降低。这可能是渔获量减少的主要原因。

调查统计南漪湖 2023 年渔获物中样本数超过 30 尾或平均体重大于 2kg 的鱼类的体长与体重均值,结果见表 7.4-21。其中,鲢的平均体重最大,均值为 8kg;鳙和鲤的平均体重次之,分别为 1.7kg 和 1.5kg;中华刺鳅平均体重最小,为 5.3g;翘嘴鲌数量最多。部分鱼类照片见图 7.4-8。

表 7.4-21 南漪湖渔获物统计结果

物种	平均全长/mm	平均体长/mm	平均体重/g
蒙古鲌	112.00	65.18	23.79
贝氏鳌	130.45	106.30	45.04
鳊	201.03	153.10	320.53
达氏鲌	241.99	198.74	106.60
黑鳍鳈	209.14	169.70	95.14

续表

物种	平均全长/mm	平均体长/mm	平均体重/g
红鳍鲌	116.70	94.96	65.50
华鳈	180.23	162.26	31.93
鳊	350.56	280.71	1700
鲫	114.95	93.64	230.33
鲤	390.32	290.09	1500
鲢	430.72	330.92	8000
麦瑞加拉鲮	80.68	64.74	120.70
蒙古红鲌	95.12	75.45	32.63
银鲴	130.96	108.96	17.56
翘嘴鲌	122.49	95.28	45.90
蛇鮈	485.00	385.00	1272.00
似鳊	303.87	250.68	257.30
兴凯鱊	247.30	197.09	145.50
银鲴	327.01	266.82	230.03
长须黄颡鱼	328.46	299.82	341.58
黄颡鱼	107.73	85.01	15.88
光泽黄颡鱼	128.78	108.71	20.03
粗唇鮠	125.67	100.42	26.32
黄尾鲴	61.67	47.09	19.30
鲇	170.96	138.76	43.30
鳜	84.53	69.12	40.78
鲦	90.09	72.10	21.12
中华刺鳅	105.56	95.90	5.30

(a)　　　　　　　　　(b)　　　　　　　　　(c)

(d)　　　　　　　　　　　(e)　　　　　　　　　　　(f)

(g)　　　　　　　　　　　(h)　　　　　　　　　　　(i)

图 7.4-8　南漪湖部分渔获物照片

3)鱼类产卵场

根据调查结果,工程施工区域内无渔业部门划定的鱼类集中产卵场、索饵场和越冬场。

7.4.3　监测结果分析评估

(1)浮游植物

共监测出5门37属49种浮游植物,3个监测区的浮游植物种类都以绿藻门、硅藻门和蓝藻门为主,且种类数量较为接近,可以看出生态清淤施工对试验区内浮游植物群落影响较小;从浮游植物密度看,施工区浮游植物密度未见明显减少,说明生态清淤施工对浮游植物密度基本没有明显影响。

(2)浮游动物方面

共监测出17种浮游动物,3个监测区的浮游动物种类均以轮虫类为主,桡足类和枝角类次之。从整体上看,施工区和未施工区浮游动物种类数量、密度均低于对照区,表明:①生态清淤工程施工对湖区浮游动物生长有一定的不利影响;②施工方布设的拦污屏对保护试验区外浮游动物不受影响具有较为明显的作用,施工结束后试验区外丰富稳定的浮游动物生态系统对试验区浮游动物群落恢复具备必要的基础条件。

(3)底栖动物方面

共监测出3门8种底栖动物,3个监测区的底栖动物种类差别不大,表明生态清淤施工对底栖动物生态并没有造成较大影响。从底栖动物密度和多样性指标看,施工区底栖动物密度和多样性均低于对照区,但数值差距不大,表明生态清淤工程施工对湖区浮游动物生长有一定的不利影响,但影响不大。

（4）水生植物

南漪湖水生维管植物主要分布在沿岸带,且季节性变动大。秋、冬季湖体内部大型水生植物种类和生物量相对贫乏,尤其是沉水植物、浮叶植物等类型;春、夏季南漪湖湖体内不超过 2m 水深区域大量生长菱角等浮叶植物,如打捞不及时,会对南漪湖水质产生较大影响。本工程不占用南漪湖沿岸带,对沿岸带水生维管植物影响较小;试验区距离南漪湖湖堤堤脚大于 1km,该区域沉水植物较少,暂不会对沉水植物产生影响。南漪湖水生植物种类在当地广泛分布,工程施工不会导致这些物质的消亡,施工结束后,将逐渐恢复。

（5）鱼类

共收集到鱼类 7 科 28 种,从鱼类的组成情况来看,该地区的鱼类以鲤科占绝对优势,有 19 种;按食性可将调查区域内鱼类分为 6 个类型。根据资料收集和现场调查,2023 年南漪湖银鱼产量已逐步恢复到历史最高水平,但南漪湖渔获总量和种类均有所下降,这可能是由 2022—2023 年南漪湖来水有所下降,南漪湖水位较低造成的。

南漪湖不涉及官方划定的鱼类"三场"。据了解,南漪湖西湖区偏西、南沿岸和东湖区偏南沿岸 300～500m 浅水域为鱼类产卵区域,而本工程划定区域为浅水域至湖心水域,基本不涉及湖岸边浅水域。试验工程的施工区域为西湖区南姥咀西岸片区,属于西湖区的东北片,没有渔业部门划定的鱼类集中产卵场、索饵场和越冬场,也不属于鱼类产卵区域。试验工程的疏浚面积仅 8.18km²,占湖水面积比例约 5.1%(兴利水位 8.6m 时,南漪湖水面面积为 160.5km²),且底栖性鱼类主要集中在水体下层,因此对大部分鱼类影响不大。

7.5　陆生生态本底值评估

7.5.1　调查方法与评价原则

（1）调查方法

按照《自然保护区建设项目生物多样性影响评价技术规范》(LY/T 2242—2014)所列自然保护区或评价区生态现状调查方法对湿地景观、植物群落、野生植物、野生动物、生物安全、社会因素等进行野外调查。

野生植物多样性调查限于维管束植物,在评价区内不同景观地段、不同区域设置样线,记录样线上的物种,主要调查植物种类、多样性、生境特点、国家和省级重点保护野生植物,以及省级特有的植物种类、数量、分布特点和生境信息等,调查方法采用实地调查辅以资料检索。

生态系统调查采用资料检索的方法,确定湿地的生态系统类型、分布情况;评价区域的生态系统类型调查采用室内和室外相结合的方法进行,室内进行遥感数据判读,再通过室外样线调查确定遥感解译地块的具体属性体征,进而确定评价区域的生态系统类型和分布。

野生动物调查采用实地调查辅以资料检索和附近村民访谈等方式,实地调查采用样线法,以一个或两个工作日计算,样线调查时穿越不同的生境,调查在不同生境内生活的动植物种类。在样线上记录动物种类、数量、生存海拔、生境等信息,对珍稀特有物种应用 GPS 进行定位,在样线上填写野生动物样线调查记录表。

主要保护对象调查采用收集资料和实地调查、访问相结合的方法,调查湿地及评价区域内的主要保护对象。

生物安全因素的调查主要采用资料收集和实地调查相结合的方式,其中自然灾害发生情况通过收集相关文献资料进行确定;森林火灾和人为活动影响通过样线和样方调查、实地走访及工程建设项目建议书进行确定。

社会因素调查通过访问、访谈、查阅相关文献资料等方式开展,调查记录南漪湖管理站管理人员、设计的村民对建设项目的态度。

(2)评价原则

坚持重点与全面相结合的原则,突出工程涉及湿地的区域、直接扰动区、关键时段和主导生态因子,从整体上兼顾评价项目设计的生态系统和生态因子在不同时空等级尺度上结构与功能的完整性。坚持预防与恢复相结合的原则,预防优先,恢复补偿为辅,恢复、补偿等措施必须与项目所在地的生态功能和要求相适应。坚持重点与全面相结合的原则,也要坚持定量与定性相结合的原则,尽量采用定量方法进行描述和分析。此外,评价还遵循科学性、客观性、全局性和可操作性原则。

在完成野外调查、数据整理和相关资料分析后,结合专业知识和经验判断,根据《自然保护区建设项目生态多样性影响评价技术规范》(LY/T 2242—2014)中标 B.1 规定的评分标准,评定各项指标的影响程度,再综合得出最终评价结论。

7.5.2　调查工作组织和实施过程

2021 年 1 月,受宣城市交投南漪湖清淤工程有限公司委托,安徽省绿满地生态林业科技有限公司成立了"南漪湖综合整治生态清淤试验工程对南漪湖湿地生物多样性影响"项目调查组,项目组人员到宣城市林业局、南漪湖管理站等单位咨询了相关情况并收集了相关资料,并对评价区域内的生物资源进行了系统的调查,收集该区域内的相关生态本底资源信息,在查阅相关资料和规范文件的基础上听取有关部门的意见,进行综合分析,编制完成了《南漪湖综合治理生态清淤试验工程对南漪湖湿地生物多样性影响评价报告》。

7.5.3 生物群落现状

(1)植物群落

根据资料和现场勘查,评价区具有 5 个植被型组、10 个植被型、16 个群系。

马尾松林是评价区的典型代表植被,为人工林,物种组成非常单一,除了林下杂生一些野古草(*Arundinella anomala Steud*)、拂子茅(*Calamagrostis epigeios*)、芒草(*Miscanthus*)等物种外,基本上是单一的马尾松。马尾松林主要分布在丘陵山坡上,群落盖度达到 70%以上。土壤为山地红壤。

杉木林主要分布在大庄村附近,在其他区域只有零星分布,群落盖度为 75%。林下植物种类较丰富,土壤为山地红壤。

木荷林分布在评价区域只有零星分布,群落盖度为 75%。林下植物种类较丰富,土壤为山地红壤。

板栗林广泛分布在评价区域,在评价区内的丘陵区域多见,成片分布,为人工林。林下成分简单,土壤为山地红壤。

枫香林为本丘陵区域的重要植被类型,成片分布,为人工林,群落盖度为 65%。林下成分简单,土壤为山地红壤。

毛竹林主要分布在村庄周边,成小片状分布,分布面积较小。群落优势种明显,组成成分简单,土壤为山地红壤。

(2)动物群落

根据实地调查,结合历史资料,评价区共记录脊椎动物 131 种,分属 24 目 47 科(表 7.5-1)。其中,两栖纲 2 目 4 科 9 种;爬行纲 2 目 5 科 11 种;鸟纲 15 目 32 科 99 种;哺乳纲 5 目 6 科 12 种。

表 7.5-1　　　　　　　　南漪湖湿地脊椎动物各类群数量统计

分类单元	两栖纲	爬行纲	鸟纲	哺乳纲	合计
目数	2	2	15	5	24
科数	4	5	32	6	47
种数	9	11	99	12	131

1）两栖纲

评价区内两栖动物分为有尾目和无尾目类群,共 4 科 9 种,包括蝾螈科的东方蝾螈（*Cymops orientalis*）,蟾蜍科的中华蟾蜍（*Bufo gargarizans*）,蛙科的金线蛙（*Hylarana latouchii*）、泽蛙（*Rana limnocharis*）、黑斑蛙（*Rana nigromaculata*）、花臭蛙（*Rana schmackeri*）和大绿蛙（*Rana livida*）,姬蛙科的饰纹姬蛙（*Microhyla fissipes*）和小弧斑姬蛙（*Microhyla heymonsi*）。

从地理型分析,评价区的 9 种两栖动物中,属于古北界的有 5 种,占两栖动物总数的 55.6%；属于东洋界的有 4 种,占两栖动物总数的 44.4%,评价区内分布的两栖动物以古北界的为主。

2）爬行纲

评价区内爬行动物分为 2 目 5 科 11 种,其中蜥蜴目 4 科 4 种,蛇目 1 科 7 种。蜥蜴目包括多疣壁虎（*Gekko japonica*）、石龙子（*Eumeces chinensis*）、北草蜥（*Takydromus septentrionalis*）、脆蛇蜥（*Ophisaurus harti*）,蛇目包括赤链蛇（*Dinodon rufozonatum*）、双斑锦蛇（*Elsphe bimaculata*）、钝头蛇（*Pareas chinensis*）、水赤链游蛇（*Natrix annularis*）、绣链腹游蛇（*Amphiesma craspedogaster*）、草游蛇（*Natrix stolata*）、灰鼠蛇（*Ptyas korros*）。

3）鸟纲

南湖湿地评价区内分布有鸟类 15 目 32 科 99 种,其中,䴙䴘目 1 种、鹳形目 6 种、雁形目 7 种、隼形目 7 种、鸡形目 2 种、鹤形目 9 种、鸻形目 9 种、鸥形目 1 种、鸽形目 2 种、鹃形目 2 种、鸮形目 4 种、夜鹰目 1 种、佛法僧目 5 种、形目 2 种、雀形目 41 种。

从居留情况看,在 99 种鸟中留鸟最多有 43 种,占全部种类的 43.43%；夏候鸟 21 种,占全部种类的 21.21%；冬候鸟 21 种,占全部种类的 21.21%；旅鸟 14 种,占全部种类的 14.15%。

4）哺乳纲

评价区内分布有哺乳动物 5 目 6 科 12 种,其中,食虫目 1 科 1 种,即刺猬科的刺猬（*Erinaceus europaeus*）；翼手目 2 科 4 种,即菊头蝠科的中菊头蝠（*Rhinolophus afinis*）,蝙蝠科的大棕蝠（*Eptesicus serotinus*）、斑蝠（*Scotomanes ornatus*）、长翼（*Miniopterus schreibersi*）；兔形目 1 科 1 种,即兔科的华南兔（*Lepussinensis*）；啮齿目 1 科 5 种,包括鼠科的黑线姬鼠（*Apodemus agrarius*）、针毛鼠（*Rattus fulvescens*）、褐家鼠（*Rattus flavipectus*）、社鼠（*R. niviventer*）和小泡巨鼠（*Leopoldamys edwardsi*）；偶蹄目 1 科 1 种,即猪科的野猪（*Sus scrofa*）。

哺乳动物中属于东洋界的有 5 种,占 41.67%；属于古北界的有 2 种,占 16.66%；

属于广布种的 5 种,占 41.67%。

5)维管束植物

评价区内分布有维管束植物 58 科 110 属 125 种。其中,蕨类植物 6 科 6 属 6 种,裸子植物 5 科 6 属 6 种,被子植物 47 科 98 属 113 种。

7.5.4 生物多样性影响评价

（1）对生物群落的影响

1）对生物群落类型及其特有性的影响

临时占用湿地的芦苇、菱角等水生植物和底栖动植物等群落类型在南漪湖湿地范围内较为普遍,不属于特有类型生物群落,因此不会对湿地的生物群落类型及其特有性造成大的影响。

2）对生物群落面积的影响

南漪湖综合治理生态清淤试验工程建设占地 8.18km²,均为临时用地,且为移动逐步顺次施工,工程建设在施工期会致使湿地内的水生植物和底栖动植物数量减少。但相对于南漪湖湿地生物群落总面积而言,工程建设占地面积比重较小,且该工程建设完工后,改善了底栖动植物的生存环境,结合试验区水生动植物调查结果,推测项目对湿地内生物群落面积的影响为中高度影响。

3）对栖息地连通性的影响

评价区野生动物较少,由于清淤工程对施工区域生态系统的切割作用,因此其对栖息地连通性的影响为中等影响,但清淤工程分区分段实施能降低工程建设对鸟类等野生动物栖息地的影响。

4）对生物群落重要性的影响

该工程在建设期对湿地生物群落有一定影响,且对南漪湖底栖动植物影响较为突出,但因新增用地为临时占地、工期较短,且该区域清淤后对底栖动植物提供更为良好的生境,因此预测项目对湿地内生物群落重要性的影响为中高度影响。

5）对生物群落结构的影响

从受影响的生物群落和受影响的面积来看,工程建设对湿地生态结构完整性的影响较小,没有造成整个群落结构的根本改变,因此预测项目建设对湿地生物群落结构的影响较小。

（2）对种群/物种的影响

1）对特有物种的影响

根据实地调查,结合相关数据,本研究评价区域没有特有物种分布,动物仅有少量小型哺乳动物、两栖类、当地常见普通鸟类及部分鱼类。

2）对保护物种的影响

评价区保护动物主要以鸟类和鱼类为主,且此两类动物具有迁徙性,因此受工程影响较小。评价区内保护植物主要有银杏、水杉等,此类植物在评价区内分布较广,且工程建设所涉及的植株可进行易地移栽,因此受工程影响较小。

3）对特有、保护物种食物链结构的影响

工程建设会对水环境产生一定影响,进而影响一部分水生生物的食物链,但工程的建设规模为两年,时间较短,因此影响程度为中高度影响。

4）对特有、保护物种的迁移、散布和繁衍的影响

该工程的工程量较小,工期较短,通过控制施工时间,不会对特有、保护物种的迁移散布及繁衍造成太大影响。

（3）对主要保护对象的影响

1）对主要保护对象种群数量或面积的影响

通过查阅资料及实地调查,评价区的主要保护对象是水生动植物及湿地生态系统,生态清淤面积占湿地总面积的3.9%,因此预测工程建设对湿地生态系统种群数量或面积的影响为中等影响。

2）对主要保护对象生境面积的影响

南漪湖综合治理生态清淤试验工程临时占地8.18km^2,均为湿地生态系统,占南湖湿地总面积的3.9%,且工程在施工期及工程建设后期可对湿地其他区域进行生态补偿,尽量削弱对其的影响。因此,对主要保护对象生境面积的影响为中高度影响。

（4）对生物安全的影响

1）对病虫害暴发的影响

项目施工期,施工设备的运输、施工人员的出入可能带入林业有害生物,从而可能引发病虫害。但在施工过程中注意进行林业有害生物检疫,可以将病虫害暴发的概率减小。项目运营期基本不会引入病虫害。因此,预测项目引发湿地病虫害的可能性较小。

2）对外来物种或有害生物入侵的影响

对外来物种或有害生物入侵的影响主要体现在施工期,外来物种入侵的概率取

决于两个方面。一是工程建设过程中外来人员引入外来物种（主要是通过车辆和施工设备等引入外来虫害和病害）；二是植被恢复中选用非本土物种。但通过对材料尤其是松木制品进行有害生物检疫，以及选用本地物种进行植被恢复，可以有效避免有害生物和外来物种的入侵。因此，预测项目对外来物种或有害生物入侵的影响为中等影响。

3）对重要遗传资源流失的影响

根据实地调查访问及查阅相关资料，评价区内有刺猬、野猪、中华蟾蜍等 6 种省级重点保护野生动物，以及银杏、水杉等 2 种国家重点保护野生植物分布。因此，预测项目对重要遗传资源流失的影响较小。

（5）对社会因素的影响

本工程主要通过实施清淤疏浚清除湖泊表层底泥，降低或削减内源污染，增强湖泊水体自净能力，并结合截污控污等措施，为南漪湖水质的稳定达标创造条件。结合后期实施的流域水污染防治等多种措施，显著改善南漪湖流域生态环境，改善城乡居民生活品质，保障群众生命财产安全和经济社会可持续发展。

本研究的实施，将对经济社会、旅游发展、投资环境等产生正面影响，负面影响主要体现在施工对居民生活的干扰。另外，在项目实施过程中，伴随着清淤底泥清运、施工噪声干扰等对周边居民原有生产生活方式产生的影响，机构能力及居民与项目建设冲突等风险，其中主要风险为清淤底泥运输。因此，在项目实施和运营管理过程中采取了相应措施，有效地降低了工程风险，充分发挥了项目的正面效应。

7.5.5　综合影响结论

南漪湖综合整治生态清淤试验工程对南漪湖湿地生物多样性影响主要体现在湖底清淤施工干扰、底泥运输影响及施工场地设施等。项目建设区域植被类型主要为水生植被，通过对建设项目影响评价区的景观（生态系统）、生物群落、种群（物种）、生物安全、社会因素的综合影响评价可知，南漪湖综合整治生态清淤试验工程对南漪湖湿地生物多样性的影响为中低度影响。

7.6　土壤环境评估

7.6.1　湖区试验区底泥污染物分析

（1）监测点位

2024 年 1 月（距离项目施工后 6 个月），项目组在试验工程施工区、试验工程内施

149

工区外及试验工程周边湖区分别设置 4 个监测点进行底泥采样,监测点位与水质监测点位、水生动植物监测点位一致,见图 7.3-1,共 12 个监测点(Z1～Z12)。在各监测点分别取 3 次样品,分析试验区底泥污染物现状,并对比分析试验工程施工区、试验工程内施工区外及试验工程周边湖区底泥污染物的差异。

(2)检测指标

试验区底泥检测指标包括总氮、总磷、氨氮、有机质等 4 项指标,以及镉、汞、砷、铅、铬、铜、镍、锌等 8 项重金属检测指标。

(3)检测方法与仪器

底泥总氮的检测采用凯氏法,总磷的检测采用碱熔-钼锑抗分光光度法,氨氮的检测采用氯化钾溶液提取-分光光度法,有机质的检测采用重铬酸钾容量法,重金属镉的检测采用石墨炉原子吸收分光光度法,重金属汞、砷的检测采用微波消解/原子荧光法,重金属铅、铬、铜、镍、锌的检测采用火焰原子吸收分光光度法。各指标检测仪器见图 7.6-1,现场采样见图 7.6-2。

(a)非色散原子荧光光度计

(b)紫外可见分光光度计

(c)原子吸收分光光度计

图 7.6-1　底泥污染物检测仪器

（a)Z2 水样采集　　　　　　　　　　　　(b)Z2 底泥采集

图 7.6-2　水样及底泥现场采集

（4）检测数据分析

试验工程施工区、试验工程内施工区外及试验工程周边湖区底泥各项指标监测结果见表 7.6-1。

1）总氮

12 个监测点位的底泥总氮含量见图 7.6-3。在试验工程周边湖区,Z1～Z4 处的各处底泥总氮含量平均值为 1120～2243.33mg/kg,均值为 1655mg/kg;在试验工程施工区,Z5～Z8 处的各处底泥总氮含量平均值为 887～2590mg/kg,均值为 1704.25mg/kg;在试验工程内施工区外,Z9～Z12 处的各处底泥总氮含量平均值为 2676.67～3266.67mg/kg,均值为 2934.17mg/kg。同时,根据《南漪湖综合治理生态清淤试验工程初步设计报告》底泥本底值（2022 年 10 月）,南漪湖表层 0～20cm 底泥中总氮含量均值为 2382.35mg/kg。结果表明,与试验工程周边湖区相比,南漪湖湖区底泥总氮含量有所降低,与 2022 年 10 月数据相比,底泥总氮含量本底值降低了 30.53%。

对比试验工程施工区、试验工程内施工区外及试验工程周边湖区的底泥总氮含量均值可知,3 个监测区的底泥总氮含量均值为试验工程内施工区外＞试验工程施工区＞试验工程周边湖区。将试验工程周边湖区的底泥总氮含量作为新的本底值（2023 年 12 月）,可以发现,试验工程施工区底泥总氮含量比新的本底值高 2.97%,试验工程内施工区外底泥总氮含量比新的本底值高 77.29%。可能是表层疏浚导致试验工程区内水变浑浊,试验工程施工区的表层底泥被清除,但浑水中悬浮物质携带的总氮在试验工程内施工区外沉积,增大了尚未清淤区域底泥总氮含量。而受拦污屏的作用,试验工程周边湖区底泥总氮含量未受施工的影响。试验工程施工区的底泥总氮含量增加值较试验工程内施工区外增加值小,表明试验工程施工区内水中泥沙悬浮物质的长期沉积,底泥中的总氮含量在逐渐降低,逐渐恢复至本底值。

表 7.6-1

底泥各项指标检测结果

监测点位	样品编号	总氮/ (mg/kg)	总磷/ (mg/kg)	氨氮/ (mg/kg)	有机质/ %	镉/ (mg/kg)	汞/ (mg/kg)	砷/ (mg/kg)	铅/ (mg/kg)	铬/ (mg/kg)	铜/ (mg/kg)	镍/ (mg/kg)	锌/ (mg/kg)
Z1 西侧	G2312251-1-1	2.16×10^3	399	348	3.63	0.36	0.583	2.06	<10	78	44	14	71
	G2312251-1-2	2.10×10^3	390	372	3.56	0.38	0.788	2.92	<10	75	39	18	72
对照点	G2312251-1-3	2.10×10^3	400	337	3.67	0.41	0.726	3.41	<10	75	47	14	72
Z2 南侧	G2312251-2-1	1.09×10^3	445	152	1.95	0.26	0.964	1.87	<10	70	26	<3	61
	G2312251-2-2	1.14×10^3	448	157	1.89	0.29	0.947	1.80	<10	67	26	<3	62
对照点	G2312251-2-3	1.18×10^3	445	175	1.94	0.28	1.090	1.70	<10	67	32	6	63
Z3 东侧	G2312251-3-1	1.14×10^3	414	231	3.78	0.36	0.749	3.66	<10	101	33	30	63
	G2312251-3-2	1.12×10^3	418	203	3.72	0.36	0.772	4.45	<10	106	43	27	66
对照点	G2312251-3-3	1.10×10^3	402	210	3.65	0.36	0.886	4.48	<10	106	35	29	66
Z4 北侧	G2312251-4-1	2.33×10^3	340	622	5.94	0.39	0.263	4.93	<10	115	55	25	78
	G2312251-4-2	2.23×10^3	337	587	5.97	0.41	0.233	4.86	<10	123	49	22	79
对照点	G2312251-4-3	2.17×10^3	323	634	5.82	0.45	0.272	4.91	<10	127	47	22	80
Z5 清淤区 1	G2312251-5-1	0.90×10^3	372	774	1.52	0.28	0.658	4.64	<10	92	37	10	49
	G2312251-5-2	0.86×10^3	357	793	1.53	0.29	0.632	3.72	<10	89	34	7	47
	G2312251-5-3	0.90×10^3	376	807	1.52	0.28	0.679	4.16	<10	92	34	12	44
Z6 清淤区 2	G2312251-6-1	1.71×10^3	507	933	1.50	0.62	0.206	2.48	<10	97	40	10	46
	G2312251-6-2	1.67×10^3	497	830	1.55	0.56	0.235	2.64	<10	117	40	14	46
	G2312251-6-3	1.65×10^3	526	904	1.52	0.54	0.290	2.46	<10	123	36	18	39

续表

监测点位	样品编号	总氮/(mg/kg)	总磷/(mg/kg)	氨氮/(mg/kg)	有机质/%	镉/(mg/kg)	汞/(mg/kg)	砷/(mg/kg)	铅/(mg/kg)	铬/(mg/kg)	铜/(mg/kg)	镍/(mg/kg)	锌/(mg/kg)
Z7 清淤区 3	G2312251-7-1	1.68×10^3	303	662	1.45	0.35	0.922	3.05	<10	140	30	19	64
	G2312251-7-2	1.66×10^3	301	623	1.50	0.35	0.992	2.76	<10	137	30	23	64
	G2312251-7-3	1.65×10^3	311	675	1.47	0.33	0.988	2.45	<10	141	30	23	64
Z8 清淤区 8	G2312251-8-1	2.73×10^3	380	15100	1.61	0.37	0.543	2.69	<10	120	23	<3	54
	G2312251-8-2	2.58×10^3	369	13000	1.51	0.36	0.476	2.87	<10	125	23	<3	54
	G2312251-8-3	2.46×10^3	372	13100	1.61	0.36	0.446	2.72	<10	125	23	<3	54
Z9 清淤区对照 1	G2312251-9-1	2.77×10^3	317	452	1.56	0.32	0.348	3.25	<10	131	39	19	77
	G2312251-9-2	2.79×10^3	308	404	1.57	0.35	0.336	3.67	<10	149	39	15	77
	G2312251-9-3	2.71×10^3	316	420	1.53	0.34	0.294	3.66	<10	159	43	23	74
Z10 清淤区对照 2	G2312251-10-1	3.08×10^3	379	670	1.45	0.36	0.476	3.97	<10	145	45	19	78
	G2312251-10-2	3.36×10^3	375	637	1.49	0.34	0.533	3.25	<10	152	45	19	76
	G2312251-10-3	3.36×10^3	381	647	1.48	0.35	0.494	3.18	<10	165	45	19	78
Z11 清淤区对照 3	G2312251-11-1	3.22×10^3	390	757	1.51	0.28	0.255	3.50	<10	201	36	10	62
	G2312251-11-2	3.00×10^3	378	692	1.54	0.29	0.125	3.18	<10	210	34	21	62
	G2312251-11-3	2.89×10^3	389	754	1.50	0.35	0.106	3.26	<10	214	38	27	68
Z12 清淤区对照 4	G2312251-12-1	2.81×10^3	308	670	1.38	0.42	0.723	2.95	<10	187	51	22	78
	G2312251-12-2	2.67×10^3	314	642	1.34	0.37	0.889	2.69	<10	195	53	23	78
	G2312251-12-3	2.55×10^3	302	691	1.30	0.36	0.923	2.49	<10	201	52	19	78

因此,在拦污屏的作用下,未施工区域底泥总氮受施工的影响较大,但经过表层清淤后,底泥总氮含量逐渐恢复至本底值,项目施工对底泥总氮的长期影响较小。

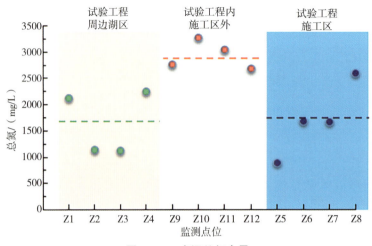

图 7.6-3　底泥总氮含量

2)总磷

12 个监测点位的底泥总磷含量见图 7.6-4。在试验工程周边湖区,Z1～Z4 处的各处底泥总磷含量平均值为 333.33～446mg/kg,均值为 396.75mg/kg;在试验工程施工区,Z5～Z8 处的各处底泥总磷含量平均值为 305～510mg/kg,均值为 389.25mg/kg;在试验工程内施工区外,Z9～Z12 处的各处底泥总磷含量平均值为 308～385.67mg/kg,均值为 346.42mg/kg。同时,根据《南漪湖综合治理生态清淤试验工程初步设计报告》底泥本底值(2022 年 10 月),南漪湖表层 0～20cm 底泥中总磷含量均值为 466.87mg/kg。结果表明,与试验工程周边湖区相比,南漪湖湖区底泥总磷含量有所降低,与 2022 年 10 月数据相比,底泥总磷含量本底值降低了 15.02%。南漪湖底泥总磷新的本底值(2023 年 12 月)为 396.75mg/kg。

对比试验工程施工区、试验工程内施工区外及试验工程周边湖区的底泥总磷含量均值可知,3 个监测区的底泥总磷含量比较接近,且试验工程施工区和试验工程内施工区外的总磷含量较试验工程周边湖区分别降低了 1.89% 和 12.68%。这表明试验工程施工对底泥总磷具有降低作用,但降低效果并不明显。

3)氨氮

12 个监测点位的底泥氨氮含量见图 7.6-5。在试验工程周边湖区,Z1～Z4 处的各处底泥氨氮含量平均值为 161.33～614.33mg/kg,均值为 335.67mg/kg;在试验工程施工区,Z5～Z8 处的各处底泥氨氮含量平均值为 653.33～1373.33mg/kg,均值为 926.75mg/kg;在试验工程内施工区外,Z9～Z12 处的各处底泥氨氮含量平均值为 425.33～734.33mg/kg,均值为 619.67mg/kg。同时,根据《南漪湖综合治理生态清淤试验工程初步设计报告》底泥本底值(2022 年 10 月),南漪湖表层 0～20cm 底泥中氨氮含量均值为 555.28mg/kg。结果表明,南漪湖湖区底泥氨氮含量有所降低,与 2019 年 7 月数据相比,底泥氨氮含量本底值降低了 39.55%。南漪湖底泥氨氮新的本底值(2023 年 12 月)为 335.67mg/kg。

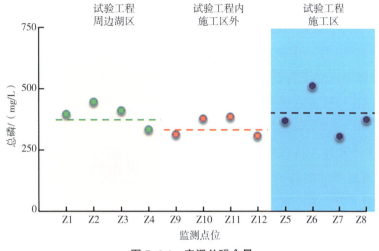

图 7.6-4　底泥总磷含量

对比试验工程施工区、试验工程内施工区外及试验工程周边湖区的底泥氨氮含量均值可知,3 个监测区的底泥总氮含量均值为试验工程施工区＞试验工程内施工区外＞试验工程周边湖区。试验工程施工区及试验工程内施工区外底泥氨氮含量较新的本底值分别增大了 176.09% 和 84.61%。这表明试验工程施工对底泥氨氮含量影响较大,增大了底泥氨氮含量。

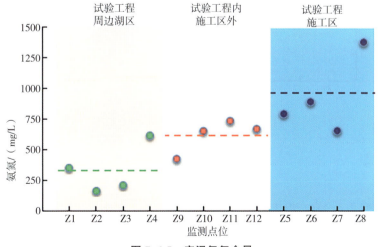

图 7.6-5　底泥氨氮含量

4）有机质

12个监测点位的底泥有机质含量见图7.6-6。在试验工程周边湖区，Z1～Z4处的各处底泥有机质含量平均值为1.93％～5.91％，均值为3.79％；在试验工程施工区，Z5～Z8处的各处底泥有机质含量平均值为1.47％～1.57％，均值为1.52％；在试验工程内施工区外，Z9～Z12处的各处底泥有机质含量平均值为1.34％～1.55％，均值为1.47％。同时，根据《南漪湖综合治理生态清淤试验工程初步设计报告》底泥本底值（2022年10月），南漪湖表层0～20cm底泥中有机质含量均值为2.26％。结果表明，南漪湖湖区底泥有机质含量有所升高，与2022年10月数据相比（与试验工程周边湖区相比），底泥有机质含量本底值降低了67.70％。南漪湖底泥有机质新的本底值（2023年12月）为3.79％。

对比试验工程施工区、试验工程内施工区外及试验工程周边湖区的底泥有机质含量均值可知，3个监测区的底泥有机质含量均值为试验工程周边湖区＞试验工程施工区＞试验工程内施工区外。试验工程施工区及试验工程内施工区外底泥有机质含量较新的本底值分别降低了59.82％和61.23％。表明试验工程施工对底泥有机质含量影响较大，降低了底泥有机质含量。

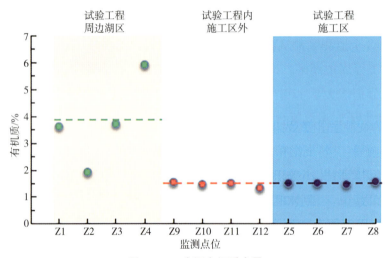

图7.6-6　底泥有机质含量

5）重金属

a. 镉、汞

12个监测点位的底泥镉、汞含量分别见图7.6-7和图7.6-8。在试验工程周边湖区，Z1～Z4处的各处底泥镉、汞含量平均值分别为0.28～0.42mg/kg和0.256～1.00mg/kg，均值分别为0.36mg/kg和0.69mg/kg；在试验工程施工区，Z5～Z8处的各处底泥镉、汞含量平均值分别为0.28～0.57mg/kg和0.24～0.96mg/kg，均值分别为0.39mg/kg和0.59mg/kg;在试验工程内施工区外,Z9~Z12处的各处底泥镉、汞含量平均值分别为0.30~0.38mg/kg和0.16~0.85mg/kg,均值分别为0.34mg/kg和0.49mg/kg。南漪湖底泥镉、汞新的本底值(2023年12月)分别为0.36mg/kg和0.69mg/kg。对照《土壤环境质量 农用地土壤污染风险管控标准(试行)》(GB 15618—2018),试验工程施工区及试验工程内施工区外的底泥镉、汞含量未超标。

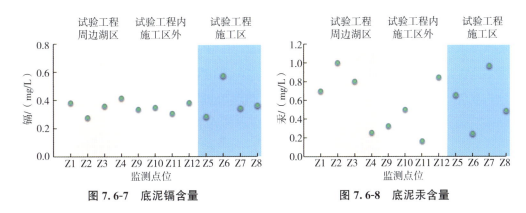

图 7.6-7 底泥镉含量　　　　　　　　图 7.6-8 底泥汞含量

对比试验工程施工区、试验工程内施工区外及试验工程周边湖区的底泥镉、汞含量均值可知,3个监测区的底泥镉含量均值为试验工程施工区>试验工程周边湖区>试验工程内施工区外;3个监测区的底泥汞含量均值为试验工程周边湖区>试验工程施工区>试验工程内施工区外。试验工程施工区及试验工程内施工区外底泥汞含量较新的本底值分别降低了14.5%和29.0%。这表明试验工程施工对底泥汞含量影响较大,降低了底泥汞含量。但试验工程施工对底泥镉的影响较小。

b.铬、铜、锌

12个监测点位的底泥铬、铜、锌含量分别见图7.6-9、图7.6-10、图7.6-11。在试验工程周边湖区,Z1~Z4处的各处底泥铬、铜、锌含量平均值分别为68~121.67mg/kg、28~50.33mg/kg和62~79mg/kg,均值分别为92.5mg/kg、39.67mg/kg和69.42mg/kg;在试验工程施工区,Z5~Z8处的各处底泥铬、铜、锌含量平均值分别为91~139.33mg/kg、23~38.67mg/kg和43.67~64mg/kg,均值分别为116.5mg/kg、31.67mg/kg和52.08mg/kg;在试验工程内施工区外,Z9~Z12处的各处底泥铬、铜、锌含量平均值分别为146.33~208.33mg/kg、36~52mg/kg和64~76mg/kg,均值分别为175.75mg/kg、43.33mg/kg和73.83mg/kg。南漪湖底泥铬、铜、锌新的本底值(2023年12月)分别为92.5mg/kg、39.67mg/kg和69.42mg/kg。对照《土壤环境质量 农用地土壤污染风险管控标准(试行)》(GB 15618—2018),试验工程施工区及试验工程内施工区外的底泥铬、铜、锌含量未超标。

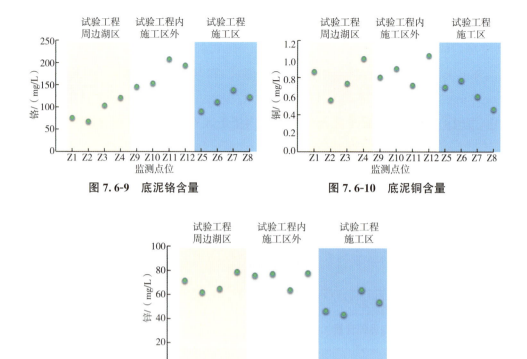

图 7.6-9　底泥铬含量　　　　　　图 7.6-10　底泥铜含量

图 7.6-11　底泥锌含量

　　对比试验工程施工区、试验工程内施工区外及试验工程周边湖区的底泥铬、铜、锌含量均值可知,试验工程施工区和试验工程内施工区外底泥铬含量较新的本底值分别增大了 25.95% 和 90.00%;试验工程施工区底泥铜含量最低,较新的本底值降低了 20.17%,试验工程内施工区外底泥铜含量最高,较新的本底值增大了 9.22%;试验工程施工区底泥锌含量最低,较新的本底值降低了 25.00%;试验工程内施工区外底泥锌含量最高,较新的本底值增大了 6.35%。

　　试验工程施工对底泥铬、铜、锌含量均有一定影响。其中,施工会降低底泥铜和锌含量,降低率在 20%~25%;施工会增大底泥铬含量,增大率为 25.95%。

　　c. 砷、镍

　　12 个监测点位的底泥砷、镍含量分别见图 7.6-12 和图 7.6-13。在试验工程周边湖区,Z1~Z4 处的各处底泥砷、镍含量平均值分别为 1.79~4.90mg/kg 和 3.33~28.67mg/kg,均值分别为 3.42mg/kg 和 17.58mg/kg;在试验工程施工区,Z5~Z8 处的各处底泥砷、镍含量平均值分别为 2.53~4.17mg/kg 和 2.00~21.67mg/kg,均值分别为 3.05mg/kg 和 11.83mg/kg;在试验工程内施工区外,Z9~Z12 处的各处底泥砷、镍含量平均值分别为 2.71~3.52mg/kg 和 19.00~21.33mg/kg,均值分别为 3.25mg/kg 和 19.67mg/kg。南漪湖底泥砷、镍新的本底值(2023 年 12 月)分别为

3.42mg/kg 和 17.58mg/kg。对照《土壤环境质量　农用地土壤污染风险管控标准(试行)》(GB 15618—2018),试验工程施工区及试验工程内施工区外的底泥砷、镍含量未超标。

对比试验工程施工区、试验工程内施工区外及试验工程周边湖区的底泥砷、镍含量均值可知,试验工程施工区和试验工程内施工区外底泥砷含量较新的本底值分别降低了 10.82% 和 4.97%;试验工程施工区底泥镍含量最低,较新的本底值降低了 32.71%;试验工程内施工区外底泥镍含量最高,较新的本底值增大了 11.89%。

试验工程施工对底泥砷、镍含量均有一定影响,可降低底泥砷、镍含量。

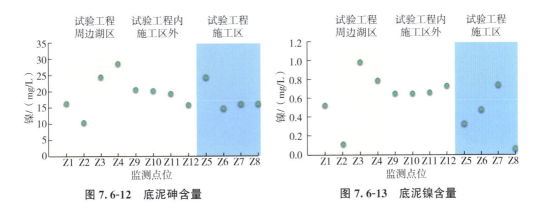

图 7.6-12　底泥砷含量　　　　　　图 7.6-13　底泥镍含量

为更直观地明确项目施工对湖区底泥的影响,对试验工程施工区、试验工程内施工区外的底泥检测指标中的总氮、总磷、氨氮、有机质等 4 项指标与 2022 年开展的《南漪湖综合治理生态清淤试验工程初步设计报告》中的本底值进行汇总和对比,见表 7.6-2。

表 7.6-2　　试验工程施工区、试验工程内施工区外的底泥检测与初步设计阶段对比

指标	初步设计阶段	评估阶段		评估阶段与初步设计阶段差值	
		试验工程施工区内	试验工程内施工区外	试验工程施工区内	试验工程内施工区外
总氮/(mg/kg)	2382.35	1704.25	2934.17	−678.1	551.82
总磷/(mg/kg)	466.87	389.25	346.42	−77.62	−120.45
氨氮/(mg/kg)	555.28	926.75	619.67	371.47	64.39
有机质/%	2.26	1.52	1.47	−0.74	−0.79

由表 7.6-2 可知,评估阶段较初步设计阶段,试验工程施工区底泥总氮、总磷、有机质含量有所降低,氨氮含量有所增大;试验工程内施工区外底泥总氮、氨氮含量有所增大,总磷、有机质含量有所降低。

7.6.2 淤泥堆放区导流沟内底泥污染物分析

对南漪湖综合治理生态清淤试验区淤泥临时堆放区周边的土壤和水体进行采样,监测点位 4 处($1^{\#}\sim4^{\#}$ 监测点),均匀分布在淤泥临时堆放区周边(图 7.6-14),同时,对离淤泥临时堆放区较远的土壤和水体进行采样,监测点位 2 处(对照点 1~2)。通过检测土壤和水体各项指标,对比分析淤泥临时堆放对周边环境的影响。土壤样品检测指标包括 pH 值、总氮、总磷及有机质等。

图 7.6-14   淤泥堆放区周边土壤和水样采集点分布

在淤泥堆放区排水沟内的 4 个角落($1^{\#}\sim4^{\#}$ 监测点)采集 12 个土壤样品,在周边原始池塘(对照点 1~2)采集 6 个土壤样品作为本底值,对比分析淤泥堆放区对周边土壤的影响。各监测点位土壤 pH 值、总氮、总磷及有机质指标检测结果见表 7.6-3。

表 7.6-3   各监测点位土壤指标检测结果

监测点位	样品编号	pH 值	总氮 /(mg/kg)	总磷 /(mg/kg)	有机质 /(g/kg)
淤泥堆放区 $1^{\#}$ 监测点	T2312252-1-1	7.98	888	194	10.3
	T2312252-1-2	8.20	894	191	10.6
	T2312252-1-3	8.03	898	180	10.9
淤泥堆放区 $2^{\#}$ 监测点	T2312252-2-1	7.35	975	184	12.7
	T2312252-2-2	7.26	981	187	12.6
	T2312252-2-3	7.46	922	182	13.0
淤泥堆放区 $3^{\#}$ 监测点	T2312252-3-1	7.22	1080	358	17.1
	T2312252-3-2	7.31	1020	351	17.7
	T2312252-3-3	7.37	1020	354	17.5

监测点位	样品编号	pH 值	总氮 /(mg/kg)	总磷 /(mg/kg)	有机质 /(g/kg)
淤泥堆放区 4# 监测点	T2312252-4-1	7.41	988	199	9.45
	T2312252-4-2	7.21	950	190	9.51
	T2312252-4-3	7.35	917	196	9.50
淤泥堆放区 对照点 1	T2312252-5-1	7.31	1180	244	12.6
	T2312252-5-2	7.46	1160	232	12.3
	T2312252-5-3	7.40	1100	249	12.8
淤泥堆放区 对照点 2	T2312252-6-1	6.91	991	149	19.8
	T2312252-6-2	7.14	934	150	19.6
	T2312252-6-3	7.11	928	151	19.9

由表 7.6-3 可知,淤泥堆放区排水沟内及周边原始池塘土壤 pH 值均为 7~9,且淤泥堆放区排水沟内及周边原始池塘土壤 pH 值无明显区别;淤泥堆放区 1#~4# 监测点的总氮含量为 888~1080mg/kg,周边原始池塘土壤总氮含量为 917~1100mg/kg,两者总氮含量无明显区别;淤泥堆放区 1#~4# 监测点的总磷含量为 180~358mg/kg,周边原始池塘土壤总氮含量为 149~244mg/kg,两者总磷含量无明显区别;淤泥堆放区 1#~4# 监测点的有机质含量为 9.45~17.7g/kg,周边原始池塘土壤有机质含量为 12.3~19.9g/kg,周边原始池塘土壤有机质含量较高。

综上所述,淤泥堆放区排水沟内及周边原始池塘土壤的 pH 值、总氮、总磷等指标无明显区别,淤泥堆放区余水对周边土壤无明显污染。

第8章 环境保护措施有效性分析

8.1 水环境保护措施有效性分析

8.1.1 余水排放口下游水质过程监测

淤泥临时堆放区为封闭场地,淤泥采用土工管袋技术进行脱水,并堆放在场地中间区域(地势高),四周(地势低)修建导流沟。为分析淤泥临时堆放区余水对周边湖区水质的影响,自 2023 年 3 月起,对东风圩余水排放口下游周边开展水质监测工作,监测水体中的 pH 值、固体悬浮物、氨氮、总磷、总氮等指标。截至 2023 年 12 月 18 日,累计取样 160 次,监测 80 次。监测点位分布见图 6.4-4。

(1)pH 值

2023 年余水排放口下游水体 pH 值监测数据见图 8.1-1。从图 8.1-1 中可以看出,全年余水排放口下游水体 pH 值为 7～9。根据《地表水环境质量标准》(GB 3838—2002)规定的地表水环境治理标准基本项目标准限值(pH 值为 6～9),2023 年淤泥堆放区底泥固结排至入湖口的水体 pH 值符合国家标准。

(2)固体悬浮物

2023 年余水排放口下游水体固体悬浮物含量监测数据见图 8.1-2。从图 8.1-2 中可以看出,余水排放口水体固体悬浮物在 11 月底最大,为 40mg/L,其余时期均为 10mg/L 左右。根据《污水综合排放标准》(GB 8979—1996),2023 年余水排放口水体固体悬浮物属于第二类污染物一级标准。

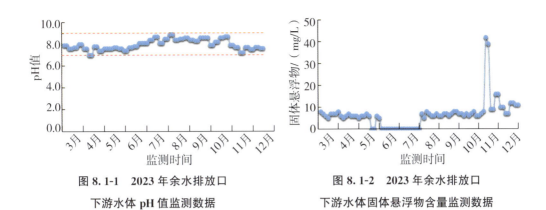

图 8.1-1　2023 年余水排放口
下游水体 pH 值监测数据

图 8.1-2　2023 年余水排放口
下游水体固体悬浮物含量监测数据

（3）总氮

2023 年余水排放口下游水体总氮含量监测数据见图 8.1-3。从图 8.1-3 中可以看出，水体总氮含量较高，大部分时期水体总氮含量为 1.5～2.0mg/L。依据《地表水环境质量标准》(GB 3838—2002)，水体属于Ⅳ类或Ⅴ类水。余水排放口下游水质受南漪湖整体水质影响，基于 3.3.1 节对南漪湖湖区水质监测，可知南漪湖湖区水体总氮含量均偏高。余水排放口下游水体总氮与南漪湖湖区水体总氮含量基本保持一致。

（4）总磷

2023 年余水排放口下游水体总磷监测数据见图 8.1-4。从图 8.1-4 中可以看出，大部分时期总磷含量为 0.025～0.05mg/L，少部分时期小于 0.025mg/L，依据《地表水环境质量标准》(GB 3838—2002)，水体属于Ⅱ类或Ⅲ类水。余水排放对下游水体总磷含量未产生影响。

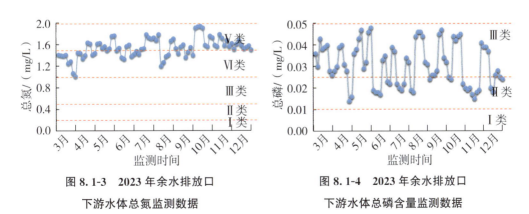

图 8.1-3　2023 年余水排放口
下游水体总氮监测数据

图 8.1-4　2023 年余水排放口
下游水体总磷含量监测数据

（5）氨氮

2023 年余水排放口下游水体氨氮含量监测数据见图 8.1-5。从图 8.1-5 中可以看出,水体氨氮含量均小于 0.5mg/L,少部分时期水体氨氮含量小于 0.15mg/L,依据《地表水环境质量标准》(GB 3838—2002),水体属于Ⅰ类或Ⅱ类水。余水排放对下游水体氨氮含量未产生影响。

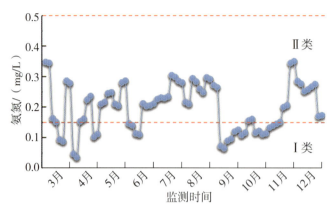

图 8.1-5　2023 年余水排放口下游水体氨氮含量监测数据

8.1.2　湖区水质过程监测

工程采用拦污屏对试验工程所在区域进行了围挡,为分析试验工程施工对周边湖区水质的影响效应,自 2023 年 3 月起,对南漪湖综合治理生态清淤试验区周边开展水质监测工作。选取试验工程疏浚区东侧、西侧及疏浚区靠近西湖湖心国控点边界处等 3 处位置,在施工期内每周取样 2 次,监测水质中的 pH 值、化学需氧量、固体悬浮物、氨氮、总磷、总氮等指标。截至 2023 年 12 月 18 日,累计取样 160 次,监测 80次。试验区监测点位分布见图 8.1-6。

图 8.1-6　试验区水质监测点位分布

地表水监测断面及监测因子见表 8.1-1。

表 8.1-1　　　　　　　　　　　　地表水监测断面及监测因子

断面名称	断面经度/°	断面纬度/°	监测因子	监测频次
试验工程疏浚区东侧	118.9316296930	31.1143116852	pH 值、化学需氧量、固体悬浮物、氨氮、总磷、总氮	施工期内每周 1 次,每次采 2 个样
试验工程疏浚区西侧	118.8963383290	31.1179377312	pH 值、化学需氧量、固体悬浮物、氨氮、总磷、总氮	施工期内每周 1 次,每次采 2 个样
疏浚区靠近西湖湖心国控点边界处	118.9048613360	31.1061811588	pH 值、化学需氧量、固体悬浮物、氨氮、总磷、总氮、溶解性磷	自动监测,每天 1 次(自动监测站建设完成前,每周手工监测 1～2 次)

(1)pH 值

2023 年 3—12 月湖区水 pH 值变化曲线见图 8.1-7。从图 8.1-7 中可以看出,试验工程疏浚区东侧 W1 点和试验工程疏浚区西侧湖区水体 pH 值随着时间的变化出现波动,疏浚区靠近西湖湖心国控点边界处湖区水体 pH 值几乎不变。其中,试验工程疏浚区东侧和试验工程疏浚区西侧在夏季(6—9 月)pH 值偏高,为 8～9,春、秋、冬季 pH 值为 7 左右。根据《地表水环境质量标准》(GB 3838—2002)规定的地表水环境治理标准基本项目标准限值(pH 值为 6～9),2023 年南漪湖湖区水体 pH 值符合国家标准,试验工程施工对周边水体 pH 值无影响。

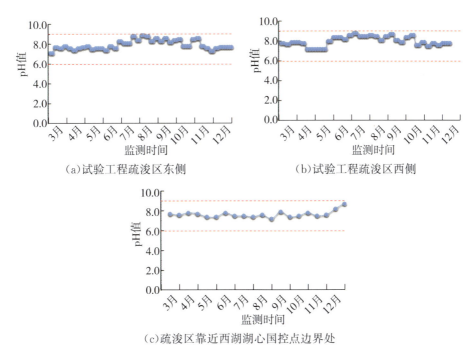

(a)试验工程疏浚区东侧　　　　　　(b)试验工程疏浚区西侧

(c)疏浚区靠近西湖湖心国控点边界处

图 8.1-7　2023 年 3—12 月湖区水 pH 值变化曲线

（2）固体悬浮物

2023 年 3—12 月湖区水体固体悬浮物含量变化曲线见图 8.1-8。从图 8.1-8 中可以看出,在 10 月之前试验工程疏浚区东侧和试验工程疏浚区西侧湖区水体固体悬浮物含量均较低,平均值为 6.58mg/L;10 月中下旬各监测点位水体固体悬浮物含量急剧增大,随后急剧降低,11—12 月水体固体悬浮物平均含量为 21mg/L,比 2023 年春、夏季大。可能是进入秋季后湖区风速较大,导致湖区水浪将湖底底泥卷起,致使湖区水体浑浊。同时,进入秋季后湖区水草逐渐枯萎腐解,水草腐解对水体固体悬浮物含量的增大具有显著影响。疏浚区靠近西湖湖心国控点边界处湖区水体固体悬浮物含量全年较低,均未超过 8mg/L,且呈现逐渐下降趋势。《地表水环境质量标准》(GB 3838—2002)未对水体固体悬浮物含量作出详细的限制,但《污水综合排放标准》(GB 8979—1996)明确了第二类污染物最高允许排放浓度中的固体悬浮物其他排污单位一级标准限制为 70mg/L。因此,2023 年试验工程疏浚区东侧固体悬浮物属于第二类污染物一级标准。项目施工对周边湖区水质中的固体悬浮物未产生影响。

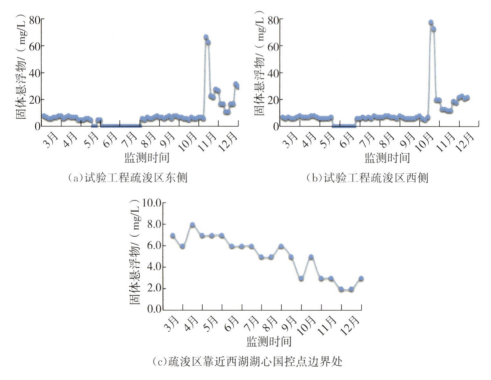

(a)试验工程疏浚区东侧　　(b)试验工程疏浚区西侧

(c)疏浚区靠近西湖湖心国控点边界处

图 8.1-8　2023 年 3—12 月湖区水体固体悬浮物含量变化曲线

（3）化学需氧量

2023 年 3—12 月湖区水体化学需氧量含量变化曲线见图 8.1-9。从图 8.1-9 中可以看出,试验工程疏浚区东侧湖区水体化学需氧量含量随着时间的变化出现波动。

其中,年内 90％的时间该点处的化学需氧量含量小于 15mg/L,根据《地表水环境质量标准》(GB 3838—2002),总体属于Ⅰ类或Ⅱ类水,极个别时间段内该点处的化学需氧量含量为 15～20mg/L,属于Ⅲ类水。试验工程疏浚区西侧湖区水体化学需氧量含量大部分低于 15mg/L,该点位水体为属于Ⅰ类或Ⅱ类水,极少数时期水体化学需氧量含量大于 15mg/L,甚至大于 20mg/L。疏浚区靠近西湖湖心国控点边界处 3—7月水体化学需氧量含量较低,绝大部分时期此处水体属于Ⅰ类或Ⅱ类。综合考虑,试验工程施工对周边湖区水体化学需氧量未产生影响。

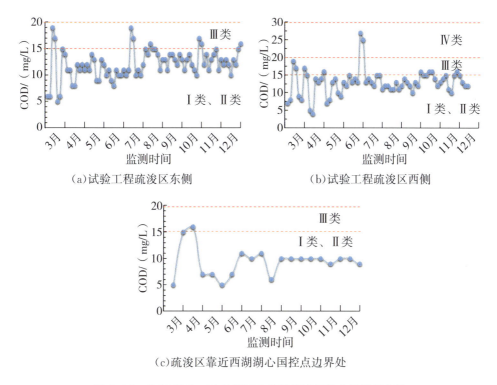

(a)试验工程疏浚区东侧　　(b)试验工程疏浚区西侧

(c)疏浚区靠近西湖湖心国控点边界处

图 8.1-9　2023 年 3—12 月湖区水体化学需氧量含量变化曲线

(4)总氮

2023 年 3—12 月湖区水体总氮含量变化曲线见图 8.1-10。从图 8.1-10 中可以看出,试验工程疏浚区东侧、试验工程疏浚区西侧及疏浚区靠近西湖湖心国控点边界处湖区水体总氮含量全年呈现波动趋势,水体总氮含量较高,大部分时期总氮含量为 1.5～2.0mg/L。

3 处监测点位水体总氮含量较高,并不是试验工程施工所致。2022 年 10 月《南漪湖综合治理生态清淤试验工程初步设计报告》显示,2014—2021 年南漪湖西湖湖心(疏浚区靠近西湖湖心国控点边界处)总氮年均含量持续Ⅲ类水标准。其中,2014—2016 年逐年上升,2016—2018 年逐渐下降至Ⅳ类水标准以下,2018—2020 年保持稳定,2021 年 1—5 月平均含量有所升高。2020 年 1—12 月,南漪湖总氮含量年内呈现波动减小趋势,大多数月份总氮含量高于Ⅳ类水标准;2021 年 1—5 月,南漪湖总氮含量在 1.5mg/L 左右波动。基于上述分析,可知试验工程施工对周边湖区水体总氮未产生影响。

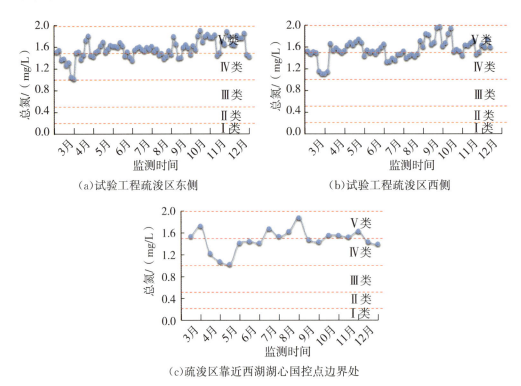

(a)试验工程疏浚区东侧   (b)试验工程疏浚区西侧

(c)疏浚区靠近西湖湖心国控点边界处

图 8.1-10　2023 年 3—12 月湖区水体总氮含量变化曲线

（5）总磷

2023 年 3—12 月湖区水体总磷变化曲线见图 8.1-11。从图 8.1-11 中可以看出,试验工程疏浚区东侧、试验工程疏浚区西侧及疏浚区靠近西湖湖心国控点边界处湖区水体总磷含量全年呈现波动趋势,水体总磷含量大部分时期为 0.025～0.05mg/L,少部分时期小于 0.025mg/L,依据《地表水环境质量标准》(GB 3838—2002),水体属于Ⅱ类或Ⅲ类水。

依据《南漪湖综合治理生态清淤试验工程初步设计报告》,项目开工前,2014—2016 年南漪湖总磷含量变化不大,低于Ⅲ类标准,2016 年之后,南漪湖总磷含量逐年上升,2017 年位于Ⅲ类标准附近,2018 年、2019 年超过Ⅲ类标准,2018 年西侧总磷含量达到峰值,此后呈下降趋势,而东侧直至 2019 年才逐渐下降。2020—2021 年,西侧、东侧总磷含量低于Ⅲ类标准。2020 年 1—12 月,南漪湖总磷含量绝大多数月份小于Ⅲ类水标准,仅在 5 月和 9 月超过Ⅲ类水标准;2021 年 1—5 月南漪湖总磷含量稳定在 0.03mg/L 附近。

项目开工前,湖区水体中的总磷含量本身在Ⅲ类水标准,2023 年项目开工 1 年间水体总磷含量的监测结果显示,试验工程周边的水体中的总磷含量依然处于Ⅲ类水标准或者Ⅱ类水标准。因此,试验工程施工对周边水体总磷未产生影响。

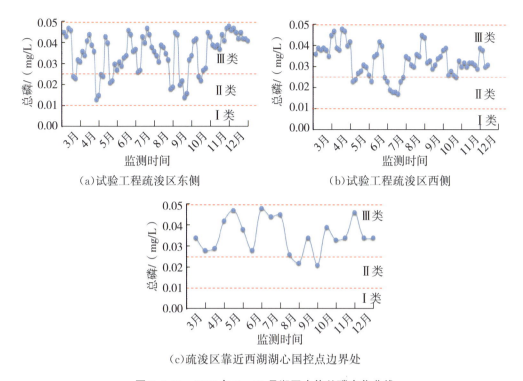

（a）试验工程疏浚区东侧　　　　　　（b）试验工程疏浚区西侧

（c）疏浚区靠近西湖湖心国控点边界处

图 8.1-11　2023 年 3—12 月湖区水体总磷变化曲线

（6）氨氮

2023 年 3—12 月湖区水体氨氮变化曲线见图 8.1-12。从图 8.1-12 中可以看出,试验工程疏浚区东侧和试验工程疏浚区西侧湖区水体氨氮含量全年呈现波动趋势,水体中的氨氮含量均小于 0.5mg/L,少部分时期水体中的总磷含量小于 0.15mg/L,依据《地表水环境质量标准》(GB 3838—2002),水体属于Ⅰ类或Ⅱ类水。

依据《南漪湖综合治理生态清淤试验工程初步设计报告》,项目开工前,2020 年 1—12 月,南漪湖氨氮含量除 2 月(0.31mg/L)较大外,其他月份在 0.09mg/L 左右波动;2021 年 1—5 月南漪湖氨氮含量稳定在 0.10mg/L 附近。因此,基于项目开工前及开工过程中对水体氨氮含量的监测结果,可知试验工程开工对周边湖区水体的氨氮含量未产生影响。

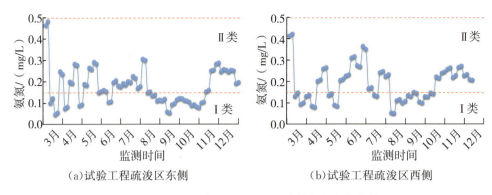

（a）试验工程疏浚区东侧　　　　　　　　　　（b）试验工程疏浚区西侧

图8.1-12　2023年3—12月湖区水体氨氮变化曲线

8.2　水生生态保护措施有效性分析

为科学评估清淤对施工区域水生动植物的影响，于2023年12月下旬开展了一次南漪湖综合治理生态清淤试验区水生动植物调查监测工作，主要监测南漪湖综合治理生态清淤试验区所在水域范围的浮游植物、浮游动物和底栖动物等；在南漪湖范围调查水生植物及鱼类情况。

现场施工采取合理的拦污屏措施，拦污屏底部距离湖床0.5m左右，以防止施工区水域内的水变为死水。同时，拦污屏底部预留0.5m左右的空间，尽可能降低项目施工对鱼类活动的影响。项目施工区采取的措施对所在水域范围的浮游植物、浮游动物、底栖动物、水生植物及鱼类的影响结论如下。

（1）浮游植物

共监测出5门37属49种浮游植物，3个监测区浮游植物种类都以绿藻门、硅藻门和蓝藻门为主，且种数较为接近，可以看出生态清淤施工对试验区内浮游植物群落影响较小；从浮游植物密度看，施工区浮游植物密度未见明显减少，表明生态清淤施工对浮游植物密度没有明显影响。

清淤施工过程对底质进行一定的搅动，引起泥沙悬浮，使工程区及其附近水体浑浊度增加，水体透明度下降，水下光照条件变差，浮游植物的光合作用受到抑制，进而影响浮游植物的生长，在一定时间内将使水体初级生产力降低。但这种影响是暂时的、局部的、可逆的，随着工程结束，悬浮物浓度会迅速降低，浮游植物的数量可逐渐恢复。

（2）浮游动物

共监测出17种浮游动物，3个监测区浮游动物种类均以轮虫类为主，桡足类和枝角类次之。从整体看，施工区和未施工区浮游动物种类数量、密度均低于对照区，表明：①生态清淤工程施工对湖区浮游动物生长有一定的不利影响；②施工方布设的拦污屏对保护试验区外浮游动物不受影响具有较为明显的作用,施工结束后试验区外丰富稳定的浮游动物生态系统对试验区浮游动物群落恢复具备必要的基础条件。

（3）底栖动物

共监测出 3 门 8 种底栖动物,3 个监测区底栖动物种类差别不大,表明生态清淤施工对底栖动物并没有造成较大影响。从底栖动物密度和多样性指标看,施工区底栖动物密度和多样性均低于对照区,但数值差距不大,表明生态清淤工程施工对湖区浮游动物生长有一定的不利影响,但未产生较大影响。

多数底栖动物长期生活在湖底底质中,对于环境污染及变化通常少有回避能力,其群落的破坏和重建都需要相对较长的时间。疏浚等施工作业过程改变了生物原有栖息环境,对底栖生物生境的影响较大。从施工组织流程上分析,清淤施工仅影响清淤区局部底栖动物的数量和种类,影响范围和程度小,受影响的底栖动物在南漪湖其余区域亦有分布,并非清淤区特有种,因此从物种保护的角度来看,工程的建设不会导致这些底栖生物灭绝,在工程结束后,底栖生物可以恢复到原有水平。

（4）水生植物

南漪湖水生维管植物主要分布在沿岸带,且季节性变动大。秋、冬季湖体内部大型水生植物种类和生物量相对贫乏,尤其是沉水植物、浮叶植物等类型只有寥寥分布;春、夏季南漪湖湖体内不超过 2m 水深区域大量生长菱角等浮叶植物,如打捞不及时,会对南漪湖水质产生较大影响。经调查,本工程采用环保绞吸工艺,疏浚后湖体水深超过 2m 后,菱角等类型浮叶植物生长大幅减少,对湖区水质改善具有促进作用;本工程不占用南漪湖沿岸带,对沿岸带水生维管植物影响较小;试验区距离南漪湖湖堤堤脚大于 1km,该区域沉水植物较少,暂不会对沉水植物产生影响。南漪湖水生植物种类在当地广泛分布,工程施工不会导致这些植物的消亡,施工结束后,这些植物将逐渐恢复。

（5）鱼类

共收集到鱼类资源 7 科 28 种,从鱼类分类地位组成情况来看,该地区的鱼类以鲤科鱼类占绝对优势,有 19 种;按食性可将调查区域内鱼类分为 6 个类型。根据资料收集和现场调查,2023 年南漪湖来水及水流量远低于往年,造成了渔获总量和种类均大幅下降。

南漪湖不涉及官方划定的鱼类"三场",据了解,南漪湖西湖区偏西、南沿岸和东湖区偏南沿岸 300～500m 浅水域为鱼类产卵区域,而本工程划定区域为浅水域至湖心水域范围,基本不涉及湖岸边浅水域。试验工程的施工区域为西湖区南姥咀西岸片区,属于西湖区的东北片,没有渔业部门划定的鱼类集中产卵场、索饵场和越冬场,也不属于鱼类产卵区域。试验工程的疏浚面积仅 8.18km²,占湖水面积比例约 5.1%（兴利水位 8.6m 时,南漪湖水面面积为 160.5km²）,且底栖性鱼类主要集中在水体下层,因此对大部分鱼类影响不大。

清淤施工期间会改变区域湖底现状底质,从而影响浮游生物、底栖动物的种类和数量,造成饵料生物的减少,对鱼类索饵造成影响,从而降低施工水域附近鱼类的种群密度。但该影响会随着施工结束而逐渐消失,对以浮游生物为饵料的鱼类的影响是暂时的。

8.3 废气保护措施有效性分析

项目区深层疏浚的砂石料集中堆放在物料堆放区,每日采用洒水车对堆放区道路进行洒水降尘 3 次。运输砂石料过程中,运输车辆为封闭式车辆,车辆运输过程中无扬尘。车辆严格按照要求进行年检。

2023 年 5 月 8—14 日、8 月 11—17 日和 11 月 3—9 日,环境监测单位选取南湖村、小刘村、榨塘埂、管家湾等 4 个村庄进行了 21 次环境空气监测,监测点位分布见图 6.3-2。监测指标包括空气中的总悬浮颗粒物、硫化氢及氨的含量,分析施工作业对周边村庄的环境空气影响。其中,南湖村位于试验工程疏浚区东侧,小刘村位于试验工程疏浚区北侧,榨塘埂位于西湖区西侧,管家湾位于水泥厂矿坑西侧。

2023 年 5 月 8—14 日、8 月 11—17 日、11 月 3—9 日环境空气中总悬浮颗粒物监测结果见图 8.3-1。依据《环境空气质量标准》（GB 3095—2012）,总悬浮颗粒物 24h 平均浓度限制 $100\mu g/m^3$ 为一级标准,24h 平均浓度限制 $300\mu g/m^3$ 为二级标准。因此,由图 8.3-1 可知,本研究所在区域环境空气质量为二级标准,符合初设阶段环境空气质量评价标准。

2023 年 5 月 8—14 日、8 月 11—17 日、11 月 3—9 日环境空气中氨含量监测结果见图 8.3-2。依据《环境影响评价技术导则 大气环境》（HJ 2.2—2018）,环境空气中氨含量 1h 平均浓度小于 $200\mu g/m^3$,满足《环境影响评价技术导则 大气环境》（HJ 2.2—2018）其他污染物空气质量浓度参考限值。同时,依据环境空气监测报告,空气中的硫化氢 1h 平均浓度均小于 $1\mu g/m^3$,满足《环境影响评价技术导则 大气环境》（HJ 2.2—2018）其他污染物空气质量浓度参考限值 $10\mu g/m^3$。

由现场调研、问卷调查及环境空气监测结果可知,南漪湖综合治理生态清淤试验工程对周边环境空气的影响较小,各项指标均低于国家标准规定的参考限值。

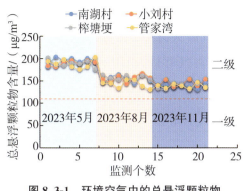

图 8.3-1　环境空气中的总悬浮颗粒物

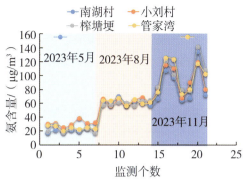

图 8.3-2　环境空气中的氨含量

8.4　噪声保护措施有效性分析

湖区疏浚船及运输船采用低噪声机械船只,在施工过程中施工单位设有专人对设备进行定期保养和维护。同时,湖区表层和深层疏浚施工均在昼间进行。运输船在运输深层疏浚砂石料时,采用湖内航道进行运输,停靠在东风圩湖岸,采用输送带将运输船上的砂石料转运至砂石料临时堆放区。在砂石料堆放区,项目现场对堆放区外围安装了围挡,围挡长度 1.5km 用于降低噪声。

2021 年 2 月,设计单位对南漪湖周边 9 个村庄进行了噪声监测,监测点位分别为 N1(南湖村)、N2(小刘村)、N3(金凤村)、N4(山河村)、N5(武村)、N6(一字坝)、N7(许上村)、N8(管家湾)、N9(联合村)。监测频次为每两天昼夜各 1 次。2021 年 2 月周边村庄噪声监测结果见表 8.4-1。根据监测结果,本研究区域敏感点声环境质量现状能够满足《声环境质量标准》(GB 3096—2008)1 类标准限值要求,声环境质量较好。

表 8.4-1　　　　　　2021 年 2 月南漪湖周边村庄噪声监测结果　　　　　　[单位:dB(A)]

编号	监测点位	2021 年 2 月 2 日		2021 年 2 月 3 日	
		昼间等效声级	夜间等效声级	昼间等效声级	夜间等效声级
N1	南湖村	52.1	40.3	50.2	38.7
N2	小刘村	51.3	40.0	54.6	41.7
N3	金凤村	50.0	41.1	52.5	39.2
N4	山河村	54.7	39.4	51.5	38.7
N5	武村	51.6	41.5	53.9	40.4
N6	一字坝	51.2	39.8	54.9	41.3
N7	许上村	53.7	41.8	50.9	39.7
N8	管家湾	50.5	39.8	51.9	40.8
N9	联合村	51.0	38.5	53.9	39.5

2023年5月、8月和11月，环境监测单位选取武村、小刘村、南湖村、金凤村、联合村等5个村庄进行了3次噪声监测，分析施工作业对周边村庄的噪声影响。其中，武村位于临时堆放区北侧；小刘村位于试验工程疏浚区北侧，距离试验工程中心区域3.6km；南湖村位于试验工程疏浚区东侧，距离试验工程中心区域2.1km；金凤村位于试验工程疏浚区北侧，距离试验工程中心区域4.0km；联合村位于水泥厂矿坑南侧。现场噪声监测点位分布见图8.4-1。

图8.4-1 施工过程中现场噪声监测点位分布

2023年昼间噪声监测结果见图8.4-2。除8月以外，5月和11月，武村、小刘村、南湖村、金凤村、联合村等5个村庄声环境质量能够满足《声环境质量标准》（GB 3096—2008）1类及2类标准限值要求，11月部分村庄声环境质量满足0类标准限值要求，声环境质量较好，受施工机械噪声的影响较小。8月正值夏季，小刘村、南湖村、金凤村、联合村等4个村庄噪声监测结果受周边虫鸣鸟叫影响较大，主要声源为蝉鸣、蛙鸣、虫叫等自然声，对比5月及11月监测结果，8月5个村庄受施工作业区施工机械噪声的影响较小。

2023年夜间噪声监测结果见图8.4-3。同样地，除8月以外，5月和11月，武村、小刘村、南湖村、金凤村、联合村等5个村庄声环境质量能够满足《声环境质量标准》（GB 3096—2008）1类及2类标准限值要求，11月部分村庄声环境质量满足0类标准限值要求，声环境质量较好，受施工机械噪声的影响较小。11月，南湖村声环境质量在3类和4a类标准限值范围内，主要是因为南湖村位于试验工程疏浚区东侧，主要声源为附近的宁宣高速公路车辆的夜间行车噪声。8月，受蝉鸣、蛙鸣、虫叫等自然声的影响，5个村庄的噪声监测数据较大，但受施工作业区施工机械噪声的影响较小。

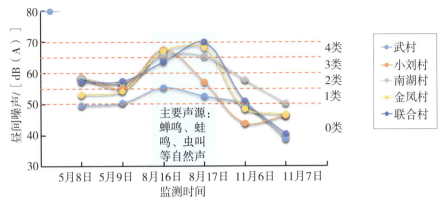

图 8.4-2　2023 年昼间噪声监测结果

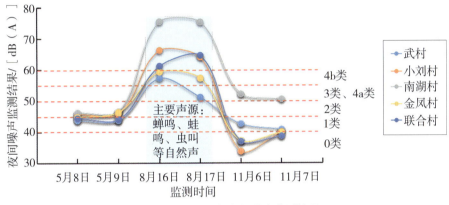

图 8.4-3　2023 年夜间噪声监测结果

综上所述,项目区在落实降噪措施后,船舶噪声对居民区的声环境敏感点影响较小,临时堆放区昼、夜间施工过程中对各敏感点的声环境影响较小。

8.5　水土保持措施有效性分析

南漪湖综合治理生态清淤工程清淤范围为南漪湖西湖区南姥咀西岸片区,面积约 8.18km²,疏浚深度清淤 2.0m,疏浚工程量为 1637.11 万 m³(固结后工程量为1562.80 万 m³);布置 1 处临时堆放区,设置在南漪湖湖区以外东风圩内,占地面积87.68hm²,堆土场内布置排水干渠和排水沟,并配套沉淀池,沉淀后采用水泵抽排至南漪湖;设 1 处施工生产生活区,布置在临时堆放区内表层疏浚料固结场东北角,占地面积 1hm²;场外交通主要利用宣狸路 6km,新建 3 条施工便道共计 6.78km;设弃渣场 3 处,分别为南漪湖水泥厂矿坑弃渣场、苏兴矿坑 1# 弃渣场和苏兴矿坑 2# 弃渣场,占地面积共计 23.33hm²。

8.5.1 水土流失类型、面积及强度

（1）水土流失类型

根据《全国水土保持规划（2015—2030 年）》《安徽省水土保持规划（2016—2030年）》和《宣城市水土保持规划（2018—2030 年）》，项目区不属于国家级、省级及市级水土流失重点防治区。根据《土壤侵蚀分类分级标准》（SL 190—2007），项目区位于我国水力侵蚀类型区中的南方红壤区，侵蚀类型为水力侵蚀，容许土壤流失量为500t/（km²·a）。项目区背景土壤侵蚀强度为微度。

（2）水土流失面积及强度

根据《宣城市水土保持规划（2018—2030 年）》，宣州区水土流失面积为2585.14km²。其中，轻度水土流失面积255.75km²，中度水土流失面积71.46km²，强烈水土流失面积 3.53km²，极强烈水土流失面积 1.69km²，剧烈水土流失面积1.55km²，分别占水土流失总面积的 9.89％、2.76％、0.14％、0.07％和 0.06％。

宣城市轻、中度水土流失面积占水土流失总面积的 96.46％。宣州区水土流失现状见表 8.5-1。

表 8.5-1		宣州区水土流失现状				（单位/km²）
水土流失面积						土地面积
微度	轻度	中度	强烈	极强烈	剧烈	
2251.16	255.75	71.46	3.53	1.69	1.55	2585.14

8.5.2 项目区水土流失现状

根据本工程地形、地貌、降雨、土壤等水土流失影响因子的特性及预测对象受扰动情况，经综合分析估判，项目区地貌类型为平原，占地类型主要为其他草地、农村道路、坑塘水面和采矿用地。

其中，其他草地坡度在 5°以下，根据《土壤侵蚀分类分级标准》（SL 190—2007），其侵蚀强度为微度，根据土壤侵蚀情况确认水土流失背景值取 400t/（km²·a）；农村道路坡度在 5°以下，其侵蚀强度为微度，根据土壤侵蚀情况确认水土流失背景值取200t/（km²·a）；采矿用地主要为岩石地表，其侵蚀强度为微度，根据土壤侵蚀情况确认水土流失背景值取 100t/（km²·a）；坑塘水面为水域用地，其水土流失背景值取 0。项目区水土流失背景值见表 8.5-2。

表 8.5-2   项目区水土流失背景值

土地利用类型	林草覆盖度/%	坡度/°	占地面积/hm²	侵蚀模数/[t/(km²·a)]
其他草地	20	0~5	2.03	400
农村道路		0~5	3.39	200
坑塘水面			88.67	0
采矿用地			23.33	100

参考各土地利用类型侵蚀模数及各分区土地利用类型对应的面积(表 8.5-2),计算得到项目区平均土壤侵蚀模数为 27t/(km²·a),原生土壤侵蚀强度为微度。项目区土壤侵蚀模数背景值见表 8.5-3。

表 8.5-3   项目区土壤侵蚀模数背景值

项目组成	占地类型				侵蚀模数 /[t/(km²·a)]
	草地(04) [其他草地 (0404)]	交通运输 用地(10) [农村道路 (1006)]	水域及水利 设施用地(11) [坑塘水面 (1104)]	工矿仓储 用地(06) [采矿用地 (0602)]	
临时堆放区			87.67		0
施工生产生活区			1.00		0
施工道路	2.03	3.39			212
弃渣场				23.33	100

8.5.3 水土流失影响因素分析

(1)建设过程中扰动地表面积、损毁植被面积

1)扰动地表面积

根据工程设计文件、技术资料和当地土地利用类型,在对工程占地进行复核的基础上结合实地勘察,本项目建设过程中扰动地表主要是由临时堆放区、施工生产生活区、施工道路和弃渣场等区域地表扰动造成的。根据实地调查,工程施工过程中,扣除水域面积后的扰动地表面积为 28.75hm²,但由于施工生产生活区和临时堆放区布置区域现状为坑塘水面,施工期间需将坑塘内水抽排之后布设相应的临时场地与设施,将对地表产生扰动,因此在预测土壤流失量时,增加扰动面积 17.67hm²,故总扰动面积为 46.42hm²。扰动地表面积见表 8.5-4。

表 8.5-4　　　　　　　　　　　　　扰动地表面积

分区	占地面积/hm²	扰动面积/hm²
临时堆放区	87.67	16.67
施工生产生活区	1.00	1.00
施工道路	5.42	5.42
弃渣场	23.33	23.33

2）损毁植被面积

根据《土地利用现状分类》（GB/T 21010—2017）和表 8.5-3，本工程损毁植被范围为占用的草地，经统计，工程损毁植被面积为 2.03hm²。

（2）工程建设对水土流失的影响

1）自然因素分析

a. 降水因素

项目区属北亚热带湿润季风气候区，冷暖气团交锋频繁，降雨量大，暴雨集中，为水土流失提供了外在动力。高强度的降雨破坏地表土壤的，在短时间内就可形成径流，极易诱发严重的水土流失。严重的土壤侵蚀往往就发生在几场暴雨中，一次大的降雨引起的流失量有时可占全年流失量的 80% 以上。

b. 地质因素

项目区是典型的南方红壤区，地表吸附能力弱，极易被冲刷。部分坡度较大，松散堆积物较多的区域遇集中强降雨易发生水土流失。

c. 植被因素

水土保持更强调地表植被覆盖度和植被的层次结构。本工程占地范围内林草植被覆盖度较低，土壤裸露程度很高，仍然会发生中度甚至强度以上的水土流失。

2）人为因素分析

项目地形主要为平原区，总体地势平坦。原生土壤侵蚀以微度水力侵蚀为主。地形地貌、气候条件及植被状况等自然因素对水土流失影响较小，人为活动是项目建设区加速土壤侵蚀的主要因素。项目建设期水土流失影响因素分析如下：

a. 地表扰动

施工过程中，场地平整和地面处理施工直接导致土壤结构破坏，使得地表土壤抗蚀能力急剧降低，进而导致水土流失加剧。裸露地表在遇大风或大雨时，将产生较严重的水土流失。

b. 临时堆土

工程清淤土方临时堆放期间，在大风、大雨等不利天气影响下，若在土方松散堆放、运、弃过程中缺少防护,极易产生水土流失。此外,临时堆土时将会对占地范围的地表造成较频繁的扰动,地表植被和土壤结构被破坏,临时堆土清理完毕后,原堆土区域土壤抗侵蚀能力降低,将加剧水土流失。

c.施工工序

水土保持工程施工时序安排对其防治效果影响很大,如临时堆土应先拦后堆,并实施苫盖措施;临时占地施工完成后,应及时进行土地平整等。若施工时序安排不当,将不能有效预防施工中产生的水土流失。

(3)废弃土(渣)量

工程土石方开挖总量为 1565.89 万 m^3(含表土剥离量 0.61 万 m^3),土石方回填总量为 3.04 万 m^3(含表土回覆量 0.61 万 m^3),弃方 1562.85 万 m^3(其中 1389.39 万 m^3 进行资源化利用,173.46 万 m^3 运往弃渣场回填)。

8.5.4 水土流失防治目标

(1)执行标准等级

根据《土壤侵蚀分类分级标准》(SL 190—2007),项目区位于我国水力侵蚀类型区中的南方红壤区,根据《全国水土保持规划(2015—2030 年)》《安徽省水土保持规划(2016—2030 年)》和《宣城市水土保持规划(2018—2030 年)》,项目区不属于国家级、省级和市级水土流失重点防治区,根据其他相关规范及文件,项目区不属于饮用水水源保护区、水功能一级区的保护区和保留区、自然保护区,不涉及世界文化和自然遗产地、风景名胜区、地质公园、森林公园等,不属于城市区域。但项目区属于宣城市重要湿地且不能避让,根据《生产建设项目水土流失防治标准》(GB/T 50434—2018),工程执行南方红壤区建设类项目水土流失防治一级标准。

(2)防治目标

项目水土流失防治应达到以下基本目标:项目水土流失防治责任范围内扰动土地应全面整治,新增水土流失应得到有效控制,原有水土流失应得到治理。按照《生产建设项目水土流失防治标准》(GB/T 50434—2018)中的相关规定,参照本工程项目区自然条件,对水土流失防治目标值进行修正,各防治目标修正情况如下:

土壤流失控制比在轻度侵蚀为主的区域不应小于1,中度以上侵蚀为主的区域可降低 0.1~0.2。本工程沿线大部分地区土壤侵蚀强度以微度为主。本方案将土壤流失控制比调整为 1.0,其他指标不作调整。施工期和设计水平年水土流失防治目标值调整情况见表 8.5-5。

表 8.5-5   施工期和设计水平年水土流失防治目标值调整情况

防治标准	项目	标准规定		按土壤侵蚀强度修正	施工期防治目标	采用标准
		施工期	设计水平年			
一级	水土流失总治理度/%		98			98
	土壤流失控制比		0.9	+0.1		1.0
	渣土防护率/%	95	97		95	97
	表土保护率/%	92	92		92	92
	林草植被恢复率/%		98			98
	林草覆盖率/%		25			25

8.5.5 水土保持措施布设成果

本工程水土流失防治分区划分为临时堆放区、施工生产生活区、施工道路区和弃渣场区等 4 个防治分区。本项目水土流失防治措施总体布局如下：

(1)临时堆放区

施工前,在临时堆放区外围修筑挡水围堰;在堆放区内布设排水沟,以排出疏浚料管袋固结过程中的余水及场地内汇集的雨水;在排水沟总排口处布设一座沉淀池,以沉积外排水中泥沙,沉淀池中的积水通过水泵定期抽排至南漪湖。临时堆放区临时措施包括挡水围堰 2511.5m,排水沟 8208m,沉淀池 1 座。

(2)施工生产生活区

施工前,在场地周边布设排水沟,排水沟末端接入临时堆放区排水沟,最终汇入临时堆放区的沉淀池。施工生产生活区临时措施为排水沟 137m。

(3)施工道路区

施工前,对施工道路占地范围内的其他草地进行表土剥离,临时堆放于施工道路一侧,采取临时拦挡和临时苫盖措施;施工过程中,在道路一侧开挖临时排水沟,用于排出道路路面积水,沿排水沟分段设置临时沉沙池,用于沉积泥沙;施工结束后,清除新修施工道路地面硬化层,之后进行土地整治、回覆表土后撒播草籽恢复植被。

施工道路区工程措施包括剥离表土 0.61 万 m^3,土地整治 2.03hm^2,表土回覆 0.61 万 m^3;植物措施为撒播狗牙根草籽 2.03hm^2;临时措施包括袋装土临时拦挡 531m^3,临时苫盖 0.18hm^2,砖砌临时排水沟 1768m,临时沉沙池 9 座。

(4)弃渣场区

弃渣结束后,对堆渣面进行土地整治,之后植树种草绿化恢复植被。弃渣场区工程措施为土地整治 23.33hm^2;植物措施为栽植落羽杉 19442 株,撒播狗牙根草籽

23.33hm^2,栽植三叶爬山虎和凌霄各 1065 株。

8.5.6　水土流失监测重点及布局

由于工程建设施工扰动面积较大,开挖、回填土石方量大,弃土石渣量大等特点,采取调查监测与地面观测相结合的方法开展水土保持监测,通过在代表性地区设置固定监测点,其余区域定期巡查的方式进行调查监测。本项目施工期间主要监测水土流失状况、水土流失危害、水土流失防治效果;运行期主要监测水土保持设施运行情况,以及水土流失防治效果。

根据工程施工特点及现场查勘情况,项目水土保持监测重点为水土保持方案落实情况、弃渣场使用及防护情况、扰动土地及植被占压情况、水土保持措施(含临时防护措施)实施状况、水土保持责任制度落实情况。根据《水土保持监测实施方案》中对工程水土保持监测工作的安排,结合现场查勘及监测工作需要,按照《生产建设项目水土保持监测规程(试行)》(办水保〔2015〕139 号)的规定与要求,按照监测分区、开挖扰动土壤性质和监测设施布设条件等原则布设监测点,具体见表 8.5-6。

表 8.5-6　　　　　　　　　　　水土流失监测点分布

编号	防治分区	位置	监测方法	现场照片
1	临时堆放区	表层疏浚堆放区	侵蚀沟量测	
2		深层疏浚堆放区	沉沙池,无人机遥感监测	
3	施工道路区	进场便道	测钎	

编号	防治分区	位置	监测方法	现场照片
4		南漪湖水泥厂矿坑弃渣场	巡查,无人机遥感监测	
5	弃渣场区	苏兴矿坑1#弃渣场	巡查,无人机遥感监测	
6		苏兴矿坑2#弃渣场	巡查,无人机遥感监测	

8.5.7　重点部位水土流失监测

（1）表土剥离监测

项目区表土分布于施工道路区,可剥离面积 2.03hm²,可剥离厚度 0.3m,可剥离表土量 0.61 万 m³,工程工序回覆表土 0.6 万 m³,回覆厚度为 0.3m,剥离表土全部用于施工道路绿化。截至 2023 年 12 月底,累计剥离 0.58 万 m³。

（2）扰动土地监测

本试验工程水土保持方案批复水土流失防治责任范围为 117.67 hm²,截至 2023 年 12 月底,项目共扰动土地面积 34.36hm²。其中,临时堆放区 33.09hm²,施工道路区 1.27hm²,弃渣场尚未启用,施工生产生活区尚未建设,暂时租用场地。

（3）弃渣监测

本试验工程共布置 3 个弃渣场,分别为南漪湖水泥厂矿坑弃渣场、苏兴矿坑 1# 弃渣场和苏兴矿坑 2# 弃渣场,均为凹地型渣场,总占地面积 23.33hm²。其中,南漪湖水泥厂矿坑弃渣场面积为 4.85hm²;苏兴矿坑弃渣场共分为两部分,总面积为 18.48hm²,其中,苏兴矿坑 1# 弃渣场面积为 6.05hm²,苏兴矿坑 2# 弃渣场面积为 12.43hm²。弃渣来源与流向情况统计见表 8.5-7。截至 2023 年 12 月底,该 3 处弃渣场均未启用。

表 8.5-7　　　　　　　　　　弃渣来源与流向情况统计

弃渣场名称	渣场面积/hm²	弃渣量/万 m³		弃渣来源	弃渣类型
		淤泥松方	自然方		
南漪湖水泥厂矿坑弃渣场	4.85	48.57	34.00	清淤淤泥	淤泥
苏兴矿坑 1# 弃渣场	6.05	47.23	33.06	清淤淤泥	淤泥
苏兴矿坑 2# 弃渣场	12.43	152.00	106.40	清淤淤泥、施工生产生活区清除硬化层	淤泥、硬化层

8.5.8　水土保持措施落实

（1）工程措施

由于本工程尚未大面积施工，截至 2023 年 12 月底已实施工程措施较少，主要为已开工区域的表土剥离等。截至 2023 年 12 月底工程措施实施情况见表 8.5-8。

表 8.5-8　　　　　　　　截至 2023 年 12 月底工程措施实施情况

防治分区	措施	设计量	累计实施
施工道路区	表土剥离/万 m³	0.61	0.58
	表土回覆/万 m³	0.61	0
	土地整治/hm²	2.27	0
弃渣场区	土地整治/hm²	23.33	0
	浆砌石截排水沟/m	2136	0

（2）植物措施

截至 2023 年 12 月底，工程尚不具备植物措施实施条件，暂无植物措施。

（3）临时措施

由于工程尚未大面积施工，截至 2023 年 12 月底已实施临时措施较少，由于便道尚未通车，村内道路无法通行，大规模材料无法进场，堆放区混凝土排水沟尚未实施，暂时采用临时土质排水沟代替，截至 2023 年 12 月底临时措施实施情况见表 8.5-9。

表 8.5-9　　　　　　　　截至 2023 年 12 月底临时措施实施情况

防治分区	措施	设计数量	累计实施
施工道路区	临时拦挡/m³	531	0
	临时苫盖/hm²	0.18	0
	临时排水沟/m	1768	0
	临时沉沙池/座	9	2

续表

防治分区	措施	设计数量	累计实施
临时堆放区	挡水围堰/m	2511.5	1000
	挡水围堰拆除/m	2511.5	0
	排水干沟/m	540	0
	排水沟/m	2114	900
	基干排水沟/m	5417	0
	沉淀池/座	1	0
施工生产生活区	基干排水沟/m	137	0

8.5.9 土壤流失情况监测

(1)水土流失面积

水土流失面积为项目扰动区面积扣除水域、永久建筑物、工程措施面积及硬化面积。根据资料调查与现场量测,截至 2023 年 12 月底水土流失面积情况见表 8.5-10。项目建设区面积为 117.67hm²,水土流失面积为 27.71hm²。

表 8.5-10　　　　　　　　截至 2023 年 12 月底水土流失面积情况

防治分区		项目建设区/hm²	水土流失面积/hm²
临时堆放区	表层疏浚堆放区	16.69	5.11
	深层疏浚堆放区	70.99	21.73
施工生产生活区		1.00	0.00
施工道路区		5.66	0.87
弃渣场区		23.33	0.00

(2)单位面积土壤流失量测算

1)临时堆放区

a.表层疏浚堆放区

表层疏浚堆放区边坡水土流失类型主要为水力侵蚀,水土流失形式以面蚀及沟蚀为主。现场监测人员选取了 1 处暂不扰动的典型边坡作为观测点,通过测量坡面典型侵蚀沟,采集该边坡土壤侵蚀数据,测量侵蚀体积,计算得出表层疏浚堆放区边坡单位面积土壤侵蚀量为 938.82t/km²。表层疏浚堆放区边坡监测基本数据和典型侵蚀沟侵蚀数据分别见表 8.5-11 和表 8.5-12。

表 8.5-11　　　　　　　　　　　　表层疏浚堆放区边坡监测基本数据

监测时段	2023 年 10—12 月	侵蚀面积/m²	435
样地坡度/°	42.3	样地面积/m²	4
侵蚀沟数量/条	6	投影面积/m²	3.06

表 8.5-12　　　　　　　　　　　　　　典型侵蚀沟侵蚀数据

侵蚀沟长/m	侵蚀沟宽/cm	侵蚀沟深/cm	样地侵蚀体积/cm³	土壤容重/(g/cm³)	流失量/g	单位面积土壤侵蚀量/(t/km²)
1.4	1.9	1.5	399	1.2	478.8	938.82

b. 深层疏浚堆放区

现场监测人员在深层疏浚区利用沉淀池作为观测点,进行土壤侵蚀数据的采集。计算得出深层疏浚堆放区单位面积土壤侵蚀量为 961.78t/km²。深层疏浚堆放区监测基本数据和沉沙池清掏数据分别见表 8.5-13 和表 8.5-14。

表 8.5-13　　　　　　　　　　　深层疏浚堆放区监测基本数据

监测时段	沉沙池体积/m³	汇水面积/hm²
2023 年 10—12 月	5000	9.68

表 8.5-14　　　　　　　　　　　　　沉沙池清掏数据

清掏次序	1	2	3	4	5	6	7
沉积泥沙重量/t	35.8	32.6	24.7				
累计泥沙重量/t	93.1						
第三季度单位面积侵蚀量/(t/km²)	961.78						

2)施工道路区

施工道路区水土流失类型主要为水力侵蚀,水土流失形式以面蚀及沟蚀为主。监测人员选取具有典型性且暂不扰动的 1 处边坡作为本区监测点进行定点监测,并布设测钎小区,用于采集该防治区土壤侵蚀数据。计算得出施工道路区单位面积土壤侵蚀量为 573.62t/km²。土壤侵蚀数据见表 8.5-15。

表 8.5-15　　　　　　　　　　　　　　土壤侵蚀数据

测钎小区投影面积/cm²	332360
测钎平均下降/mm	0.69
土壤容重/(g/cm³)	1.2
斜坡坡度值/°	36

续表

流失量/g	1856
侵蚀时段	2023 年 10—12 月
侵蚀时长/a	0.25
单位面积侵蚀量/[(t/km²)]	573.62

（3）项目区土壤流失量

通过对上述监测点定位观测和调查收集到的监测数据进行汇总、整理,利用水土流失面积、单位面积土壤流失量计算出各区域土壤流失量。

简单平均数加和法计算公式:

$$S_j = \frac{A_j}{n} \sum_{i=1}^{n} S_i \tag{8.5-1}$$

式中:S_j——第 j 个监测分区的土壤流失量,t;

A_j——第 j 个监测分区的面积,km²;

n——第 j 个监测分区内监测点的数量,个;

S_i——由第 i 个监测点观测数据计算的单位面积土壤流失量,t/km²;

j——监测项目划分的监测分区,$j=1,2,3,\cdots,m$;

i——某一监测分区内土壤流失量监测点,$i=1,2,3,\cdots,n$。

通过上述公式,计算得到 2023 年 10—12 月,试验工程项目区土壤流失总量为 261.96t,项目区土壤流失量统计见表 8.5-16。

表 8.5-16　　　　　　　　项目区土壤流失量统计

防治分区		水土流失面积 /hm²	单位面积土壤流失量 /(t/km²)	新增土壤流失量 /t
临时堆放区	表层疏浚堆放区	5.11	938.82	47.97
	深层疏浚堆放区	21.73	961.78	208.99
施工生产生活区		0.00		0.00
施工道路区		0.87	573.62	4.99
弃渣场区		0.00		0.00

（4）取土、弃土潜在土壤流失量

本试验工程未设计取土场,弃渣场为填坑型,未启用,仅有施工便道部分区域临时堆土未采取防护措施,潜在土壤流失量为 0.1t。

8.6　各项措施综合效益评估

8.6.1　表层底泥综合利用情况分析

南漪湖综合治理生态清淤试验区表层疏浚底泥采用土工管袋固结技术进行脱水固结,并将脱水固结后的底泥运往南漪湖水泥厂矿坑弃渣场和苏兴矿坑。根据底泥污染物监测结果,南漪湖底泥中基本没有重金属及有毒有害的有机污染,主要是氮、磷等含量高,可作为农田底肥、绿化回填的优质填料,可用于矿坑回填,之后种植绿化植被,恢复露天矿的地貌景观。因此,在评估阶段,需要调查表层底泥量消纳情况,分析固结后的表层淤泥在南漪湖水泥厂矿坑弃渣场和苏兴矿坑的综合利用情况。

通过现场调研得知,截至 2024 年 1 月 9 日,试验工程施工区表层疏浚 223255.1 m^3,清淤量较少,尚未开展表层淤泥综合利用。

8.6.2　社会经济效益评估

为了分析南漪湖综合治理生态清淤试验工程对项目区生产生活条件、农民就业及劳动技能的提升作用,需要对工程社会效益进行评估。社会效益评估采用与项目主管单位座谈、问卷调查、农民访谈等形式开展。通过与项目主管单位的座谈可全面了解项目进展与实施情况,收集项目区总体背景等资料,调研项目开工建设以来聘用当地农民工数量、农民工收入等情况。问卷调查和访谈以面对面交流设计问题的形式进行,有效调查问卷不低于 20 份。基于调查问卷内容,分析项目实施过程对带动当地居民收入、提升当地居民生活水平及劳动技能的作用。社会环境效益调查问卷见图 8.6-1。

此次现场问卷共收集有效份数 20 份,10 份来自参与项目建设的周边居民,10 份来自未参与项目建设的周边居民。参与人员年龄为 35～61 岁。其中,30～40 岁占比 30%,40～50 岁占比 50%,50～60 岁占比 10%,60 岁以上占比 10%。20 人均表示了解南漪湖综合治理生态清淤试验工程项目,均表示南漪湖综合治理生态清淤试验工程项目开工建设过程中对所在家庭工作未产生影响。以电工、门卫、司机、焊工等工种为主参与项目建设,其中,电工占比 10%,门卫占比 20%,焊工占比 60%,司机占比 10%。

南漪湖综合治理生态清淤试验工程中期评估

社会环境效益调查问卷

您好。首先，感谢您对本次问卷调查的关心和支持。为了了解南漪湖综合治理生态清淤试验工程项目社会环境效益情况，我们开展此问卷调查。我们将会对调查结果进行整理、分析和评估，形成真实反映调查情况的报告，为该项目中期评估提供宝贵的参考依据。感谢您的配合！

姓名：　　　　　联系方式：

1. 您的性别？
A.男　B.女

2.您的年龄　　岁。

3.您目前的最高教育程度是？
A 没有受过任何教育　B 私塾、扫盲班　C 小学初中职业高中　D 普通高中　E 中专　F 技校　G 大学专科　H 大学本科　I 研究生及以上　J 其他

4.您的民族？

5.您的职业为？
A 农林牧业渔业劳动者　B 体力工人　C 技术工人　D 专业技术人员（如医生、教师）等　E 军人或警察　F 管理人员或单位负责人　G.一般办公室人员　H 私营企业主　I 个体户　J 商业或服务业人员　K 学生　L 零工　M 无业或失业　N.退休　O 其他　　　

6.您是否了解南漪湖综合治理生态清淤试验工程项目？
A 了解　B 不了解

7.南漪湖综合治理生态清淤试验工程项目开工建设过程中是否对您的家庭工作产生影响（无法正常捕鱼）？
A 有影响　B 无影响

8.您是否参与了南漪湖综合治理生态清淤试验工程项目开工建设？
A 参与　B 未参与

9.您参与了何种工种？

10.您参与的南漪湖综合治理生态清淤试验工程项目开工建设，为您家庭收入提

高多少？
A1000-2000 元　B2000-5000 元　C5000-8000 元　D8000-10000 元　E 1 万元以上

11. 南漪湖综合治理生态清淤试验工程项目开工建设是否占用您的家庭用地？
A 有占用　B 无占用

12. 占用您的家庭用地是否进行了经济补偿？
A 有补偿　B 无补偿

13. 南漪湖综合治理生态清淤试验工程项目开工建设过程中对您及家庭是否造成噪声干扰？
A 有干扰　B 无干扰

14. 噪声的主要来源是？
A 船舶　B 运渣车辆　C 施工生产生活区机械　D 施工生产生活区施工人员

15. 您是否闻到过淤泥恶臭的味道？
A 有闻到　B 未闻到

16. 南漪湖综合治理生态清淤试验工程项目区是否有扬尘？
A 有扬尘　B 没有扬尘

17. 扬尘主要来源？
A 运渣车辆　B 场地堆渣　C 其他

18. 南漪湖综合治理生态清淤试验工程项目开工建设过程中是否有生活垃圾、建筑垃圾乱丢乱弃？
A 有　B 无

19. 南漪湖综合治理生态清淤试验工程项目开工建设过程中，您是否见过湖区水面飘荡的船只含油废水？
A 有见过　B 没见过

20. 南漪湖综合治理生态清淤试验工程项目开工建设过程中是否对您的捕鱼数量产生影响？
A 有好的影响　B 有不好的影响　C 无影响

21. 您认为南漪湖综合治理生态清淤试验工程完后，是否会对南漪湖水质、环境产生提升作用？
A 有提升作用　B 无提升作用　C 不清楚

22. 请您对南漪湖综合治理生态清淤试验工程项目建设整体打分（满分 100 分）？
　　　　　分

图 8.6-1　社会环境效益调查问卷

南漪湖综合治理生态清淤试验工程项目开工建设过程中，参与人员为所在家庭提高了 2000～5000 元/月的收入，参与项目建设和未参与项目建设居民均表示未受到项目开工建设过程中噪声干扰，未闻到淤泥恶臭，在项目建设过程中未发现生活垃圾、建筑垃圾乱丢乱弃现象，未见过湖区水面漂荡的船只含油废水。项目开工建设对所在家庭捕鱼数量均未产生影响。

8.6.3　环境效益评估

（1）底泥污染物

对试验工程施工区、试验工程内施工区外及试验工程周边湖区底泥采集，以及对其总氮、总磷、氨氮、有机质等 4 项指标和镉、汞、砷、铅、铬、铜、镍、锌等 8 项重金属指标进行检测，可知试验工程表层清淤施工对试验工程内施工区外底泥总氮的影响较大，但经过表层清淤后，底泥总氮含量逐渐恢复至本底值，项目施工对底泥总氮的长期影响较小；对底泥总磷具有降低作用，但降低效果并不明显；对底泥氨氮含量影响较大，使底泥氨氮含量增大了 176.09%；对底泥有机质含量影响较大，使底泥有机质含量降低了 59.82%；对底泥汞、砷、铬、铜、锌、镍含量影响较大，可降低底泥汞、砷、

铜、锌、镍含量,增大底泥铬含量。

（2）水质

对试验工程施工区、试验工程内施工区外及试验工程周边湖区水样采集及其 pH 值、重铬酸盐指数、固体悬浮物、氨氮、总磷、总氮等指标含量的变化过程进行监测,可知试验工程施工对周边湖区水质中的 pH 值、固体悬浮物、化学需氧量、总氮、总磷及氨氮含量均未产生影响。

（3）水质富营养化

试验工程施工区内的 TLI 值为 30～45,整体处于中营养状态。整个南漪湖湖区水体未出现富营养化。

（4）淤泥堆放区周边水质

淤泥堆放区排水沟内与周边原始池塘水质相比,pH 值、五日生化需氧量、氨氮、总磷等指标无明显区别,淤泥堆放区排水沟内水质浊度较高,周边原始池塘重铬酸盐指数及总氮含量较高。因此,淤泥堆放区余水除造成水质浊度增大外,未对其余水质指标产生影响。

（5）淤泥堆放区周边土壤

淤泥堆放区排水沟内及周边原始池塘土壤在 pH 值、总氮、总磷等指标方面无明显区别,淤泥堆放区余水未对周边土壤产生污染。

8.6.4　综合效益评估

基于社会经济效益评估,南漪湖综合治理生态清淤试验工程施工带动了当地居民收入,提升了当地居民的生活水平及劳动技能。基于环境效益评估,该项目对底泥各指标有一定的影响,但对水质中的各项指标均未产生影响,且项目施工区水体呈中营养状态,未出现富营养状态;淤泥堆放区余水未对周边土壤水质造成影响。综上,该项目综合效益较优。

第 9 章　水生动植物修复对策

9.1　水生动植物修复技术概述

9.1.1　物理技术

（1）曝气充氧技术

曝气充氧是一种常见的水生态处理技术，其原理是将空气通过喷头或其他装置喷入水中，使水与空气接触，从而增加水中溶解氧的浓度。曝气充氧技术被广泛应用于污水处理、水生生物养殖等领域。曝气充氧技术利用空气中氧分子与水分子之间的物理作用，通过将空气喷入水中，使空气与水接触并混合，从而实现增加溶解在水中的溶解氧浓度。曝气系统主要由曝气器、鼓风机和配管组成。鼓风机提供压缩空气，将压缩空气通过管道输送到曝气器，在曝气器内形成大量小泡，并将这些小泡带入水中。当小泡进入水体后，受表面张力和浮力等作用力而破裂，并释放出其中所含有的溶解在空气中的溶解性成分（主要为氧气和氮气），其中氧气即为水体所需的溶解氧，从而促进修复水生生物。

（2）人工湿地技术

人工湿地是一种经济高效的污水处理方法，它具有污泥减量化、处理效率高、运行和维护成本低廉、能源损耗低、无化学污染和无臭等特点，同时由于湿地本身兼具观赏性，可作为城市景观水体，自 20 世纪 50 年代开始广泛应用于世界各地城市景观水体的生物修复。人工湿地修复的工艺流程主要是建立人工产卵场，实现人工催青、孵化育苗等，培育鱼种或者濒临灭绝的生物，并将幼体放入湖泊中，使其能够自然生长。例如，上海市苏州河梦清园内的人工湖经过人工湿地技术改造之后，浮游和底泥生物的数量呈上升趋势。

9.1.2　化学技术

底泥生物氧化是将含有氨基酸、微量营养元素和生长因子等组成的底泥生物氧化配方,利用靶向给药技术直接将药物注射到河道底泥表面进行生物氧化,通过硝化和反硝化原理,除去底泥和水体中的氨氮和耗氧有机物,以促进湖泊底泥氧化来达到修复水生态底栖生物目的的技术(图 9.1-1)。

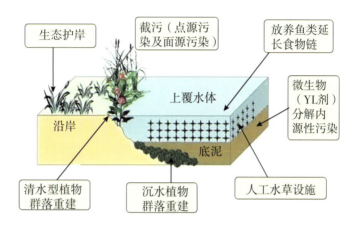

图 9.1-1　底泥生物氧化技术图解

9.1.3　生物—生态技术

(1)水生生物增殖放流技术

水生生物增殖放流技术(图 9.1-2)是人为增加自然水域各类生物资源量的一种主要技术手段,主要通过人工繁育苗种,将苗种投放入自然水体,补充野生种群数量。放流种群在自然水体中的存活率和放流后自然水体中资源量的变化,是衡量增殖放流是否有效的主要指标。该方法常用于对水生生物造成破坏后的修复,其目标定位不能仅局限于提升增殖种类的资源量,还应确保野生资源群体的环境适应性、遗传资源多样性不会因为投放人工繁育苗种而发生退化和降低;应充分考虑增殖水域生态系统的承载能力,注重其结构和功能的维持和稳定,绝不能以破坏增殖水域环境和原生自然生态系统平衡为代价,片面追求增殖放流可能带来的渔业增产收益。

水生生物增殖放流效果主要体现在:一是通过增殖放流补充和恢复生物资源群体,增加水生生物资源量,改善生物种群结构,同时也能够维护生物多样性。特别是一些濒危物种,可以通过增殖放流的方式增加它们的数量,起到对这些濒危物种的保护作用。二是通过增殖放流改善水质和水域生态环境。放流品种不同,发挥作用也不同。例如,放流一些滤食性品种(鱼类、贝类),可以滤食水中的藻类和浮游生物,通过这种作用可以净化和改善水质。三是增殖放流具有较好的生态效益、社会效益和经济效益,通过放流水生生物经济物种,可以增加渔民捕捞产量效益,提高渔民收入。例如,鳙、鲢等滤食性鱼类,能净化水质,投入和产出比很高。

放流种群在自然水体中的存活率和放流后自然水体中资源量的变化,是衡量增殖放流是否有效的主要指标。张永正等(2018)通过对渔业资源进行调查,对2006—2012年鲢、鳙鱼苗增殖放流量和捕捞量进行相关性分析和图形分析,结果表明2006—2012年钱塘江鲢、鳙鱼苗的放流量与捕捞量成较强的正相关,相关系数R分别为0.929和0.960,且相关性水平$P \leqslant 0.05$;鲢、鳙鱼苗的放流量、捕捞量与资源密度的图形分析变化趋势有较高的一致性,表明人工增殖放流苗种数量与成鱼捕捞产量成正相关,通过采取人工增殖放流鱼类苗种措施能有效地促进渔业资源的恢复。

图9.1-2 人工增殖放流

(2)强化生态浮床技术

利用基质填料和水生植物构建的强化生态浮床技术(图9.1-3),是在人工湿地和植物浮床技术基础上发展起来的一种比较新的生态工程化原位修复和控制技术。其通过过滤、吸附、沉淀、离子交换、植物吸收和微生物代谢等多种途径,不仅可以直接从水体中去除污染物,而且可以对废水进行原位处理,为底栖生物的恢复提供良好环境。此外,生态浮床具有其良好的漂浮性能和抗冲击负荷能力,可适应各种水深和高污染水体,且投资运行费用低、维护管理方便。目前,强化生态浮床技术在我国的研究和应用日益增多,其对于水质净化和浮游、底栖生物的修复也得到普遍认可。

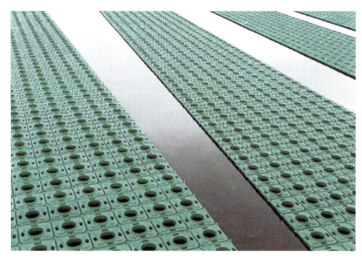

图 9.1-3　强化生态浮床技术

（3）木栅栏砾石笼生态护岸技术

木栅栏砾石笼生态护岸技术是生态型河道建设的重要手段之一,能有效地改善河流生态系统与滨水陆地系统的连通性,为浮游和底栖生物栖息繁殖提供良好场所。木栅栏砾石笼生态护岸利用砾石堆砌成岸,木栅栏成排固定在河道内侧以稳固砾石岸坡,砾石粗糙的表面可以使微生物大量附着生长和代谢,对水体有机污染物的净化起着重要的作用,特别是对营养物质的同化吸收作用更为重要。砾石间孔隙有利于水生生物的生长繁殖,也有利于滨水陆地生物的生长。例如,江苏省宜兴市大浦镇在使用该技术对林庄港河段进行生物修复之后,该水环境质量及水生植物群落更替均有明显的变化,底栖大型无脊椎动物的种类和数量也有着明显的变化(表 9.1-1)。

表 9.1-1　　　　　　　宜兴市大浦镇木栅栏砾石笼生物修复前后生物量变化

时期	分类单元数/个					生物密度/(个/笼)				
	环节动物	软体动物	水生昆虫	甲壳动物	合计	环节动物	软体动物	水生昆虫	甲壳动物	合计
建设前	4	11	4	0	19	8.7	5.0	3.5	0	17.2
建设后	6	11	6	2	25	5.7	7.8	2.0	0.3	15.8

（4）河湖岸带底栖生物微生境的生态护岸技术

河湖岸带底栖生物微生境的生态护岸技术涉及水环境治理及水生态修复技术领域。该技术包括蜂巢约束系统、人工湿地、雷诺护垫、复合基质笼和护岸;护岸上沿铺设有蜂巢约束系统;护岸下沿铺设有雷诺护垫;人工湿地位于蜂巢约束系统和雷诺护垫之间;复合基质笼与雷诺护垫底部相连接。本方法中人工湿地的设置可以对地表径流起到缓冲作用,有利于土壤保持,并削减其中的污染物;复合基质笼中不同材料、粒径的基质类型组合,可为多种底栖动物提供栖息环境,并形成不同的孔隙度,为不同种类底栖动物营造多样化的溶解氧、流速等生境条件,构建多样化生存空间和适宜的避难场所。

9.2　南漪湖生态治理政策分析

(1)《安徽省湿地保护条例》

根据 2022 年发布的《安徽省级重要湿地名录(第二批)》,南漪湖在已正式公布的省级及以上重要湿地名单中,根据《安徽省湿地保护条例》规定应列为重要湿地,《安徽省湿地保护条例》对重要湿地提出了以下管理要求:

①省人民政府林业行政主管部门应当会同有关部门编制全省湿地保护规划。设区的市、县级人民政府林业行政主管部门应当会同有关部门,根据上一级湿地保护规划组织编制本行政区域湿地保护规划;

②县级以上人民政府应当科学合理地划定湿地生态红线,确保湿地生态功能不降低、面积不减少、性质不改变;

③县级以上人民政府应当按照湿地保护规划,坚持以自然恢复为主结合人工修复,采取退耕还湿、轮牧禁牧限牧、移民搬迁、平圩、植被恢复、构建湿地生态驳岸等措施,重建或者修复已退化的湿地生态系统,恢复湿地生态功能,扩大湿地面积;

④恢复或者建设湿地,应当种植适宜当地生长的湿地植物,根据野生动物活动特点和规律,建设野生动物繁殖、栖息环境。

对照以上要求,南漪湖水生动植物恢复对策应以生物—生态技术为主,通过自然恢复与人工修复相结合的方式,适当种植适宜当地生长的湿地植物;可根据野生动物特点,建设野生动物繁殖、栖息环境。

(2)《宣城市湿地保护总体规划(2016—2025 年)》

根据《安徽省湿地保护条例》要求,宣城市人民政府于 2017 年 11 月 28 日批准了《宣城市湿地保护总体规划(2016—2025 年)》,提出实施湖泊/水库湿地恢复和修复工程,对南漪湖等重大湖泊进行生态恢复、修复,建立良好的生态系统结构,开展水质恢复和生境治理,恢复湿地生态系统的功能,为水禽提供良好的栖息地,保护和恢复生物多样性;加强对现有天然湖泊生态系统的管护,对南漪湖等呈富营养状态的湖泊开展综合治理工程,消除外源污染、提高水体自净能力,如可以采用环保疏浚的方式挖掘底泥;对重要的水禽栖息地湖泊进行生境恢复和修复,打造良好的水禽栖息地,不断增加生物多样性。

对照上述要求,南漪湖生态治理不但需要开展生态清淤,削减内源污染,扩大湖泊容积;还需要进行生态修复,为重要水禽栖息提供良好环境。

(3)《南漪湖流域治理规划》

安徽省水利厅于 2017 年 8 月 23 日批复了《南漪湖流域治理规划》,规划提出南漪湖水环境治理措施主要有加强流域污染源控制、生态清淤、优化水产养殖和水生态修复等。

其中水生态修复措施包括:

①实施清水入湖工程,控制入湖水质,通过建设截污工程对周边入湖排污口进行整治,对农业面源污染进行控制;

②实施生态修复工程,改善水环境,建设人工湿地、湖边绿化,对湖底进行清淤疏浚、翻耕底泥、添加生物菌分解有机污染物、种植沉水植物等;

③合理划定养殖区域,改粗放养殖为生态养殖,对南漪湖实施季节性的封湖禁渔,调整养殖结构,推行无公害、绿色养殖模式。

对照上述要求,南漪湖水生动植物恢复应以生态修复为主,结合污染源控制、优化水产养殖等措施。

(4)《安徽省生态保护红线》与宣城市"三线一单"成果

根据安徽省人民政府 2018 年发布的《安徽省生态保护红线》和 2020 年宣城市"三线一单"成果,南漪湖绝大部分均位于生态保护红线内,保护类型为湿地生态保护。

根据中共中央办公厅、国务院办公厅于 2019 年 10 月印发的《关于在国土空间规划中统筹划定落实三条控制线的指导意见》,生态保护红线内自然保护地核心保护区原则上禁止人为活动,其他区域严格禁止开发性、生产性建设活动,在符合现行法律法规前提下,除国家重大战略项目外,仅允许对生态功能不造成破坏的有限人为活动,主要包括零星的住户在不扩大现有建设用地和耕地规模前提下,修缮生产生活设施,保留生活必需的少量种植、放牧、捕捞、养殖;因国家重大能源资源安全需要开展的战略性能源资源勘查、公益性自然资源调查和地质勘查;自然资源、生态环境监测和执法包括水文水资源监测及涉水违法事件的查处等,灾害防治和应急抢险活动;经依法批准进行的非破坏性科学研究观测、标本采集;经依法批准的考古调查发掘和文物保护活动;不破坏生态功能的适度参观旅游和相关的必要公共设施建设;必须且无法避让、符合县级以上国土空间规划的线性基础设施建设、防洪和供水设施建设与运行维护;重要生态修复工程。

对照上述要求,南漪湖绝大部分均位于生态保护红线内,在符合现行法律法规的前提下,可开展相关重要生态修复工程。

(5)小结

结合《安徽省湿地保护条例》、宣城市生态红线及"三线一单"成果,南漪湖属于安徽省级重要湿地,绝大部分位于生态保护红线内,在符合现行法律法规的前提下,可开展相关重要生态修复工程;根据《宣城市湿地保护总体规划》和《南漪湖流域治理规划(2016—2025年)》,南漪湖综合治理修复应以生态清淤结合生态修复相结合的方式开展。

9.3 水生动植物修复对策建议

9.3.1 水生动植物影响分析

(1)浮游生物

清淤施工过程将在一定程度上搅动,引起泥沙悬浮,使工程区及其附近水体浑浊度增加,水体透明度下降,水下光照条件变差,浮游植物的光合作用受到抑制,进而影响浮游植物的生长,在一定时间内将使水体初级生产力降低。基于水生生态评估成果,各个监测区域浮游生物种群数量与密度相差不大,表明清淤工程对南漪湖浮游生物影响较小,且这种影响是暂时的、局部的、可逆的,随着工程结束,悬浮物质的浓度会迅速降低,浮游生物的数量可逐渐恢复。

(2)底栖动物

多数底栖动物长期生活在湖底底质中,对于环境污染及变化通常少有回避能力,其群落的破坏和重建需要相对较长的时间。南漪湖生态清淤试验工程施工作业采用环保绞吸施工方式,对清淤区底栖动物栖息环境影响面积较小,根据实际调查监测结果,施工区底栖动物密度和多样性指标虽低于未施工区和对照区,但数值差距不大,表明清淤施工仅影响清淤区局部底栖动物的数量和种类,影响范围和程度小。此外,受影响的底栖动物在南漪湖其余区域亦有分布,并非清淤区域特有种,因此从物种保护的角度来看,工程建设不会导致这些底栖生物灭绝,在工程结束后,采取科学生态补偿措施,底栖生物可以恢复到原有水平。

(3)水生植物

南漪湖水生维管植物主要分布在沿岸带,且季节性变动大。秋、冬季湖体内部大型水生植物种类和生物量相对贫乏,尤其是沉水植物、浮叶植物等类型只有寥寥分布;春、夏季南漪湖湖体内不超过2m水深区域大量生长菱角等浮叶植物,如打捞不及时会对南漪湖水质产生较大影响。南漪湖生态清淤试验工程采用环保绞吸工艺,且不占用南漪湖沿岸带,对沿岸带水生维管植物影响较小;疏浚后湖体水深超过 2m 后,菱角等类型浮叶植物生长大幅减少,而湖滨带等浅水区域仍有较多菱角、睡莲等沉水植物生长,在保证湖区植物生物多样性的同时,促进湖区水质改善。

(4)鱼类

2023 年南漪湖渔获总量和种类较往年有所下降,根据资料收集和现场调查,一方面可能是 2022—2023 年南漪湖来水有所下降,水位较低,导致南漪湖湖区浮游生物、底栖生物等饵料生物减少;另一方面可能是清淤施工期间区域湖底现状底质改变,从而影响浮游生物、底栖动物的种类和数量减少,造成饵料生物减少,对鱼类索饵造成影响,从而降低施工水域附近鱼类的种群密度。根据鱼类生活习性,鱼类非清淤区域特有种,在湖区其他区域亦有分布,因此在工程施工期间及结束后,采用科学生态补偿措施,可以有效促进南漪湖渔获总量和鱼种类的增长。

9.3.2　修复对策建议

(1)鱼类

鱼类在水生态系统中是至关重要的一部分,对维持水生态系统平衡具有重要作用。原因有二:一是鱼类可以吃掉多余的水草、藻类及浮游生物等,在一定程度上降低水体的富营养化程度,通过进行科学、人为的鱼类增殖放流和捕捞,可以有效控制水体中藻类的有害增长,维持生态系统稳定;二是鱼类的代谢、呼吸及排泄对水体水质存在影响,比如鱼类、水中植物、微生物共同作用维持了水体的正常 pH 值。暨南大学韩博平教授研究团队(丁雪芬等,2007;程丹等,2012)在广州流溪河水库开展生态净水渔业项目研究中提出,鱼在品种和数量上都要达到一个平衡点,才能对水质改善起到最好的作用,太少不利于水体中水草、藻类等的消耗,太多则其排泄物超过水中微生物能够消耗的量,也会成为一种污染源。

根据资料收集和现场调查,南漪湖目前主要的经济鱼类为青鱼、草鱼、鲢、鳙等,其中鲢、鳙等滤食性鱼类有助于消除南漪湖内浮游藻类,对南漪湖水质的改善具有积极作用。因此针对南漪湖鱼类恢复措施,提出以下建议:

①春、秋两季持续开展南漪湖浮游生物、底栖生物、鱼类及水质调查监测,通过连续监测,统计分析水生生物和鱼类组成,种群动态、资源量变化,分析鱼类数量变化对南漪湖生态平衡的影响,制定科学合理的鱼类增殖放流方案。

②根据制定的鱼类增殖放流方案开展增殖放流活动,可选择对南漪湖水质有积极作用的滤食性鱼类,如鲢、鳙等。

③在增殖放流过程中需特别注意要严禁外来入侵物种,另外增殖放流量也并非

越多越好,因为当鱼类排泄物超过水中微生物能够消耗的量,其也会成为一种污染源。

④增殖放流工作开展后,开展跟踪调查监测,根据调查结果对增殖放流成效进行科学评估,并对增殖放流方案进行科学调整,保证增殖放流工作取得较好成效。

(2)底栖动物

底栖动物种类多、分布广、食性杂,能摄取水体中的低等藻类、有机碎屑、无机颗粒,有效降低水体中富营养物质的含量,对污染水体具有明显的净化效应。最常见用于水质净化的底栖动物类群主要是滤食性和刮食性两类,基于它们的摄食特性和生理活动,通过生物操纵,能够降低水体氮、磷营养盐,提高透明度,从而提升水质。

多数底栖动物长期生活在湖底底质中,对于环境污染及变化通常少有回避能力,其群落的破坏和重建需要相对较长时间。疏浚等施工作业改变了生物原有栖息环境,对底栖生物生境的影响较大。但从监测结果看,现阶段疏浚施工区域与对照区域相比,数值差距不大,底栖动物目前受影响程度不大。随着施工范围的扩大,试验区范围内底栖动物栖息环境改变势必会进一步扩大,因此对清淤区域进行底栖生物修复提出以下建议:

①春、秋两季持续开展底栖动物调查监测,科学评估本工程施工对底栖动物造成的物种种类及生物量损失,从改善湖泊水质及水生态环境出发,制定合理的底栖动物增殖放流方案。

②根据制定的底栖动物增殖放流方案开展增殖放流活动,选择能改善水质及维护生态系统稳定的种类进行放流,快速恢复湖泊底栖动物的数量;实地调查发现,河蚬、贝类等在南漪湖成活率较低,螺类成活率较高,因此建议选择一定数量的成体螺类开展增殖放流。

③在增殖放流过程中需特别注意严禁外来入侵物种,另外增殖放流量也并非越多越好,因为高密度的底栖动物活动加强了水体的扰动,促使底泥再悬浮,水体悬浮物质增加,透明度降低。

④增殖放流工作开展后,开展跟踪调查监测,根据调查结果对增殖放流成效进行科学评估,并对增殖放流方案进行科学调整,保证增殖放流工作取得较好的成效。

(3)水生植物

水生植物,特别是大型水生植物,是湖泊生态系统中最主要的生产者,也是将光能转化为有机能的实现者,是食物链能量的最主要来源。大型水生植物能够显著地影响水中的溶解氧、pH值、无机碳及藻类对氮、磷的利用率,同时对水生态系统的演替及水生动物群落的稳定都起着重要作用。

　　湖滨带是水陆生态交错带的一种类型,是健康湖泊生态系统的重要组成部分。由于南漪湖沿湖泊周边围垦等,湿地资源萎缩严重,洪水调蓄功能大为下降。《宣城市湿地保护总体规划(2016—2025 年)》提出实施湖泊/水库湿地恢复和修复工程,对南漪湖等重大湖泊进行生态恢复、修复,建立良好的生态系统结构,开展水质恢复和生境治理,恢复湿地生态系统的功能,为水禽提供良好的栖息地,保护和恢复生物多样性。

　　挺水植物的释氧效果显著,芦苇光合作用传递氧气的效率高达 2.1g/(m^2 · d)。芦苇释放出的化感物质 2-甲基乙酰乙酸乙酯可降低铜绿微囊藻的光合作用速率,促进了铜绿微囊藻中叶绿素 a 的降解,可以有效地抑制藻类的生长。沉水植物是水体自净生态系统生物链中重要的生产者,直接吸收底泥中的氮、磷等营养,利用透入水层的太阳光和水体好氧生化分解有机物过程产生的二氧化碳进行光合作用,并向水体复氧,从而促进水体好氧生化自净作用;同时沉水植物又为水体其他生物提供生存或附着的场所,提高生物多样性,促进水体自净。

　　南漪湖水生植物主要分布在沿岸带,且季节性变动大。特别是春、夏季南漪湖湖体内不超过 2m 水深区域大量生长菱角等浮叶植物,如打捞不及时,会对南漪湖水质产生较大影响。为减少试验工程对区域内水生态的影响,根据实际情况提出以下建议:

　　①建议在试验区北侧湖滨带开展生态湿地修复工程,从岸边向水域依次布置挺水植物、浮水植物和沉水植物。挺水植物带选用芦苇、茭草、香蒲、野慈姑等,湖湾地区还可小面积选种观赏莲。配置方式为分片种植。浮水植物可选菱角、荇菜等,在条件较好的湖湾处可选睡莲、莼菜种植;沉水植物可选海菜花、黑藻、金鱼藻、菹草、微齿眼子菜、马来眼子菜、苦草、狐尾藻等。

　　②根据不同植物的生长特点进行合理搭配,使水生植物的覆盖率始终维持在一较高的水平。因为水体中的大型水生植物和藻类生长于同一生态空间,二者在光照、营养盐等方面存在着激烈的生态竞争,互相影响,互相制约。只有一定的覆盖率才能保证水生植物的竞争优势,从而抑制藻类的生长。

　　③在水生植物群落恢复后,必须应用生态系统稳定化管理技术进行维护管理。水生植物死亡后,其分解腐败过程将严重影响水质,因此必须定期进行收割管理。同时在每年 7—8 月在菱角大面积死亡并完成种子释放后,及时安排人员打捞南漪湖中枯萎的菱角等浮叶植物,防止菱角腐烂影响南漪湖水质。

第 10 章 结论及展望

10.1 结论

各参建方分别组建专班,制定了详细周密的与项目施工过程中生态环境保护相关的管理文件、规章制度,严格按照《关于〈南漪湖综合治理生态清淤试验工程项目环境影响报告书〉的批复》,落实了水污染防治措施、大气污染防治措施、噪声污染防治措施、固体废物分类处置和综合利用措施、环境监测措施等,使项目区水质、环境空气、噪声等各项指标均满足国家和行业标准。严格按照"三同时"制度,落实环境监测、环境管理、水土保持监测等工作,在余水排放口对 pH 值、化学需氧量、固体悬浮物、氨氮、总磷、总氮进行自动监测,保证项目施工对周边村庄及居民未产生生态环境影响。

根据《水利部长江水利委员会行政许可决定》要求,2023 年度工程清淤范围和清淤深度均在批复的坐标范围及疏浚深度,清淤面积为 1165124.76m²(重叠清淤面积为 282553.08m²,有效清淤面积为 621935.31m²,无效清淤面积为 260636.37m²),平均清淤深度 94.20cm,考虑到施工后地形回淤现象(平均回淤厚度为 10~20cm),2023 年实际平均清淤深度超过 1m,但未出现超范围和超深度清淤情况。2023 年施工区湖泊容积增加量为 585879.2m³。

截至 2023 年 12 月,断面 1-1'和断面 2-2'深层疏浚层上覆土层分别沉降了 1.02m 和 0.98m,断面 1-1'和断面 2-2'分别有 0.77m 和 0.80m 架空层。深层疏浚层架空层储存水容量约 509351.28m³。依据项目施工设计,工程施工时长为 3 年,评估阶段为该项目施工后 1 年 2 个月,随着时间推移,深层疏浚层上覆土层会逐渐沉降到位,架空层水容量沿着深层疏浚钻孔区域逐渐渗透至湖区,有利于试验区水生态恢复。

试验工程施工区底泥镉、汞、砷、铅、铬、铜、镍、锌等 8 项重金属均未超标。在拦污屏拦截作用下,施工对周边湖区水质未产生影响。淤泥堆放区余水未对周边土壤产生污染,排水沟内水体除总磷指标属于Ⅳ类水外,其余水质指标好于Ⅲ类水,汛期余水没过排水沟,其总磷会对南漪湖水质产生影响,需加快余水处理厂建设。表层清淤施工使湖泊底泥氨氮含量增大了176.09%,底泥有机质含量降低了59.82%,对施工区水体氨氮、总氮、总磷提高具有显著影响,对试验工程未施工区域内水体透明度、固体悬浮物、五日生化需氧量、化学需氧量、总氮、氨氮含量提高有显著影响。

施工对湖区浮游动物有一定不利影响,布设的拦污屏对保护试验区外浮游动物不受影响具有较为明显的作用,试验区外丰富稳定的浮游动物生态系统为施工结束后试验区浮游动物群落恢复提供了必要的基础条件;对试验区内浮游植物、底栖动物及沿岸带水生维管植物影响较小;南漪湖不涉及官方划定的鱼类"三场",南漪湖西湖区偏西、南沿岸浅水域为鱼类产卵区域,本工程划定区域不涉及湖岸边浅水区,因此工程施工对鱼类"三场"影响较小。施工对南漪湖湿地生物多样性影响结果为中低度影响。

工程施工带动了当地居民收入,提升当地居民生活水平及劳动技能;施工对施工区底泥各项指标有一定的影响,但对水质各项指标均未产生影响,施工区水体呈中营养状态,未出现富营养化状态;淤泥堆放区余水未对周边土壤水质造成影响。综上,南漪湖综合治理生态清淤试验工程项目综合效益较优。

10.2 展望

南漪湖湖区划定了生态保护区,项目后期施工应严格按照保护区规定执行,落实各项水土保持措施。由于深层疏浚增加了湖区水容量,有利于项目后期水生态恢复。因此,为进一步改善南漪湖生态环境、增加南漪湖湖泊容积、改善湖泊水环境,项目实施过程中应遵循"应清尽清、应采尽采"原则,促进深层疏浚层上覆底泥夹层的沉降。同时,加强开采区湖底高程过程观测,项目完工后,全面开展水下地形测量,对湖底局部区域进行找平,满足工程建设批复要求。

南漪湖综合治理生态清淤试验工程生态环境效益较优,然而受人类活动和流域经济社会快速发展的影响,流域内氮、磷等污染物增加,地表径流携带污染物进入湖体,长期积累下湖区水质、底泥仍存在污染风险,亟须开展南漪湖外源污染效应及其调控对策研究。同时,为减轻施工对南漪湖水生态影响,在施工期开展鱼类及底栖动物增殖放流工作,并开展跟踪监测,根据监测结果对增殖放流成效进行科学评估,对增殖放流方案进行科学调整,保证增殖放流工作取得较好成效。

参考文献

Akcil A，Erust C，Ozdemiroglu S，et al. A review of approaches and techniques used in aquatic contaminated sedi-ments：metal removal and stabilization by chemical and biotechno-logical processes[J]. Journal of Cleaner Production，2015，86：24-36.

Aldridge D C. The impacts of dredging and weed cutting on a population of freshwater mussels（Bivalvia：Unionidae）[J]. Biological Conservation，2000，95：247-257.

Barrio-Froján C R S，Cooperkm，Bremner J，Defew E C，et al. Assessing the recovery of functional diversity after sustained sediment screening at an aggregate dredging site in the North Sea[J]. Estuarine Coastal and Shelf Science，2011，92：358-366.

Bettoso N，Aleffi I F，Faresi L，et al. Macrozoobenthos monitoring in relation to dredged sediment disposal：the case of the Marano and Grado Lagoon（northern Adriatic Sea，Italy)[J]. Regional Studies in Marine Science，2020，33：100916.

Bowman J C，Readman J W，Zhou J L. Seasonal variability in the concentrations of Irgarol 1051 in Brighton Marina，UK：including the impact of dredging[J]. Marine Pollution Bulletin，2003，46(4)：444-451.

Boyd S E，Limpenny D S，Rees H L，et al. Preliminary observations of the effects of dredging intensity on the re-colonisation of dredged sediments off the southeast coast of England（Area 222)[J]. Estuarine Coastal and Shelf Science，2003，57(1-2)：209-223.

Cabrita M T. Phytoplankton community indicators of changes associated with dredging in the Tagus estuary（Portugal)[J]. Environmental Pollution，2014，191：17-24.

Carmichael W W. Cyanobacteria secondary metabolites—the cyanotoxins[J]. Journal of Applied Bacteriology，1992，72(6)：445-459.

Chen M S, Cui J Z, Lin J, et al. Successful control of internal phosphorus loading after sediment dredging for 6 years: a field assessment using high-resolution sampling techniques[J]. Science of the Total Environment, 2018, 616: 927-936.

Chen M S, Ding S M, Gao S S, et al. Efficacy of dredging engineering as a means to remove heavy metals from lake sediments[J]. Science of the Total Environment, 2019, 665: 181-190.

Coates D A, Van Hoey G, Colson L, et al. Rapid macro-benthic recovery after dredging activities in an offshore wind farm in the Belgian part of the North Sea[J]. Hydrobiologia, 2015, 756: 3-18.

Ding T, Tian Y J, Liu J B, et al. Calculation of the environmental dredging depth for removal of river sediments contaminated by heavy metals[J]. Environmental Earth Science, 2015, 74: 4295-4302.

Does J V D, Verstraelen P, Boers P, et al. Lake restoration with and without dredging of phosphorus-enriched upper sediment layers[J]. Hydrobiologia, 1992, 233(1-3): 197-210.

Falcao M, Gaspar M B, Caetano M, et al. Short-term environmental impact of clam dredging in coastal waters (south of portugal): chemical disturbance and subsequent recovery of seabed[J]. Marine Environmental Research, 2003, 56(5): 649-664.

Jenkins S R, Brand A R. The effect of dredge capture on the escape response of the great scallop, Pecten maximus (L.): implications for the survival of undersized discards[J]. Journal of Experimental Marine Biology and Ecology, 2001, 266(1): 33-50.

Jing L D, Bai S, Li Y H, et al. Dredging project caused short-term positive effects on lake ecosystem health: a five-year follow-up study at the integrated lake ecosystem level[J]. Science of the Total Environment, 2019, 686:753-763

Joshua C. Results of contaminated sediment cleanups relevant to the Hudson River: An update to Scenic Hudson's Report Advances in Dredging Contaminated Sediment. Scenic Hudson 9 Vassar Street Poughdeepsie, NY 12601, 2000.

Kaiser M J, Spencer B E. The effects of beam-trawl disturbance on infaunal communities in different habitats[J]. Journal of Animal Ecology, 1996, 65(3): 348-358.

Kenny A J, Rees H L. The effects of marine gravel extraction on the macrobenthos：results 2 years post-dredging. Marine pollution bulletin，1996，32(8-9)：615-622.

Layglon N，Misson B，Durieu G，et al. Long-term monitoring emphasizes impacts of the dredging on dissolved Cu and Pb contamination along with ultraplankton distribution and structure in Toulon Bay（NW Mediterranean Sea，France)[J]. Marine Pollution Bulletin，2020，156：10.

Lewis M A，Weber D E，Stanley R S，et al. Dredging impact on an urbanized Florida bayou：effects on benthos and algal-periphyton[J]. Environmental Pollution，2001，115(2)：161-171.

Liu C，Shen Q S，Zhou Q L，et al. Precontrol of algae-induced black blooms through sediment dredging at appropriate depth in a typical eutrophic shallow lake [J]. Ecological Engineering，2015，77：139-145.

Maguire J A，Coleman A，Jenkins S，et al. Effects of dredging on undersized scallops[J]. Fisheries Research，2002，56(2)：155-165.

Ruley J E，Rusch K A. An assessment of long-term post-restoration water quality trends in a shallow，subtropical，urban hypereutrophic lake[J]. Ecological Engineering，2002，19(4)：265-280.

Sun Q，Ding S M，Chen M S，et al. Long-term effectiveness of sediment dredging on controlling the contamination of arsenic，selenium，and antimony[J]. Environmental Pollution，2019，245：725-734.

Van Dalfsen J A，Essink K，Madsen H T，et al. Differential response of macrozoobenthos to marine sand extraction in the North Sea and the Western Mediterranean[J]. ICES Journal of Marine Science，2000，57(5)：1439-1445.

Van Duin E H S，Finking L J. First results of the restoration of lake geerplas [J]. Water Science and Technology，1998，37(3)：185-192.

Wang H，Wang X，Wang S M，et al. Purification efficiency of compound aquatic plants for the eutrophic water body[J]. Applied Mechanics and Materials，2014，675-677：430-433.

Webster-Stratton C，Hollinsworth T，Kolpacoff M. The long-term effective-ness and clinical significance of three cost-effective training programs for families with conduct-problem children[J]. Journal of Consulting and Clinical Psychology，1989，57(4)：550.

陈光荣，刘婳，雷泽湘，等. 惠州西湖生态恢复中营养盐和浮游生物监测[J]. 水生态学杂志,2009,30(6):30-35.

陈小运,胡友彪,郑永红,等. 6 种水生植物及其组合对模拟污水中磷的净化效果[J]. 水土保持通报,2020,40(1):99-107.

陈永喜,彭瑜,陈健. 环保清淤及淤泥处理实用技术方案研究[J]. 水资源开发与管理,2017,4:23-26.

谌建宇,许振成,骆其金,等. 曝气复氧对滇池重污染支流底泥污染物迁移转化的影响[J]. 生态环境,2008,17(6):2154-2158.

程丹,李惠明,陈晓玲,等. 无鱼和贫营养条件下盔形溞对浮游动物群落的影响[J].水生态学杂志, 2012, 33(2):76-84.

丁瑞睿,郭匿春,马友华. 巢湖流域双桥河底泥疏浚对浮游甲壳动物群落结构的影响[J]. 湖泊科学,2019,31(3):714-723.

丁雪芬,梁旭方,汪祖昊,等. 鳙鱼微囊藻毒素去毒酶基因 cDNA 全序列的克隆与序列分析[J]. 湖泊科学, 2007,19(3): 326-332.

董文龙,闵水发,杨杰峰,等. 湖泊富营养化防治对策研究[J]. 环境科学与管理,2014,39(11):82-85.

杜兴华,王春生,许国晶,等. 3 种水生植物净化养殖水体 N、P 效果的研究[J]. 海洋湖沼通报,2015(2):119-127.

樊尊荣,李奇云,刘歆. 竺山湖清淤工程的生态效益[J]. 江苏水利,2020(2):21-24.

范荣桂,朱东南,邓岚. 湖泊富营养化成因及其综合治理技术进展[J]. 水资源与水工程学报,2010,21(6):48-52.

高子涵. 大通湖浮游生物群落结构特征及其与环境因子的关系[D]. 长沙:湖南农业大学,2016.

贾璐颖. 湖泊富营养化治理技术集成方法研究[D]. 天津:天津大学,2014.

金相灿,李进军,张晴波. 湖泊河流环保疏浚工程技术指南[M].北京:科学出版社, 2013.

金相灿,刘鸿亮,屠清瑛,等. 中国湖泊富营养化[M]. 北京:中国环境科学出版社,1990.

景湘丞. 沉水植物对九里湖沉积物磷再释悬浮的抑制作用[D]. 北京:中国矿业大学,2023.

李宝林. 凤眼莲净化水质的利用及其所诱发的环境问题[J]. 环境保护,1994(6):32-33.

李红静,陈海波,陆海明,等. 环保绞吸船清淤作业过程对湖泊水环境的影响[J].

环境工程学报,2023,17(12):3897-3905.

梁鸣. 我国城市湖泊富营养化现状及外源控制技术[J]. 武汉理工大学学报,2007(8):194-197.

刘鹏,吴小靖,梁庆华,等. 浅水湖泊生态清淤施工影响分析[J]. 江苏水利,2024(7):6-11.

卢进登,帅方敏,赵丽娅,等. 人工生物浮床技术治理富营养化水体的植物遴选[J]. 湖北大学学报(自然科学版),2005(4):402-404.

马斌. 洪泽湖水体富营养化现状、原因及对策研究[D]. 南京:南京农业大学,2006.

毛旭锋,魏晓燕,陈琼. 人工湿地对湖泊外源污染削减过程及效率分析[J]. 中国农村水利水电,2015(3):64-67.

彭俊杰,李传红,黄细花. 城市湖泊富营养化成因和特征[J]. 生态科学,2004(4):370-373.

濮培民,王国祥,胡春华,等. 底泥疏浚能控制湖泊富营养化吗?[J]. 湖泊科学,2000(3):269-279.

秦伯强. 我国湖泊富营养化及其水环境安全[J]. 科学与社会,2007(3):17-23.

秦伯强. 长江中下游浅水湖泊富营养化发生机制与控制途径初探[J]. 湖泊科学,2002(3):193-202.

秦红杰,张志勇,刘海琴,等. 两种漂浮植物的生长特性及其水质净化作用[J]. 中国环境科学,2016,36(8):2470-2479.

冉光兴,陈琴. 太湖生态清淤工程中需重视与研究的几个问题[J]. 中国水利,2010(16):33-35.

任友昌,吕斌,皋忠安. 湖泊富营养化治理技术进展[J]. 能源与环境,2009(3):92-93+109.

沈治蕊,卞小红,赵燕,等. 南京熙园太平湖富营养化及其防治[J]. 湖泊科学,1997,9(4):377-380.

石稳民,黄文海,罗金学,等. 基于生态修复的河湖环保清淤关键问题研究[J]. 环境科学与技术,2019,42(S2):125-131.

宋淑贞. 水体富营养化机理及防治措施研究[J]. 能源与环境,2021(4):107-108.

唐林森,陈进,黄茜. 人工生物浮岛在富营养化水体治理中的应用[J]. 长江科学院院报,2008(1):21-24+39.

王栋,孔繁翔,刘爱菊,等. 生态疏浚对太湖五里湖湖区生态环境的影响[J]. 湖泊科学,2005(3):263-268.

王海英. 水生植物提高富营养化水质研究[D]. 石家庄:河北科技大学,2014.

王鸿涌. 太湖无锡水域生态清淤及淤泥处理技术探讨[J]. 中国工程科学,2010,12(6):108-112.

王化可,李文达,陈发扬. 富营养化水体底泥污染控制及生物修复技术探讨[J]. 能源与环境,2006(1):15-18.

王凯,万彬,陈黎明,等. 湖泊底栖动物群落对清淤工程的响应及其重建过程研究:以太湖竺山湾和梅梁湾为例[J]. 环境工程学报,2023,17(12):3915-3925.

王小雨. 长春南湖底泥疏浚工程效果研究[D]. 长春:东北师范大学,2004.

颜昌宙,范成新,杨建华,等. 湖泊底泥环保疏浚技术研究展望[J]. 环境污染与防治,2004(3):189-192+243.

杨春懿,马广翔,顾俊杰,等. 底泥疏浚生态环境效应的后评价研究——以山东省某河段整治为例[J]. 华东师范大学学报(自然科学版),2022(3):61-70.

游浩荣. 对黑臭水体底泥清淤疏浚的研究[J]. 建材与装饰,2016(38):152-153.

张建华. 太湖生态清淤关键技术及效果研究[D]. 南京:南京大学,2011.

张梦玲. 西南地区湖库综合整治工程效益[D]. 重庆:重庆大学,2016.

张强,杨波,刘磊. 生物促生剂修复内陆湖泊水体的曝气协同作用及设备研究[J]. 中国设备工程,2022(14):263-265.

张晴波. 环保疏浚及其控制研究[D]. 南京:河海大学,2007.

张永正,郑善坚,张婉萍. 钱塘江鱼类资源人工增殖放流效果评价[J]. 浙江师范大学学报(自然科学版),2018,41(1):97-101.

钟继承,范成新. 底泥疏浚效果及环境效应研究进展[J]. 湖泊科学,2007(1):1-10.

朱蕾. 松花湖流域水土流失与湖泊富营养化研究[D]. 长春:吉林大学,2009.

图书在版编目（CIP）数据

湖泊生态清淤效益评估及保护对策研究：以水阳江南漪湖为例 / 唐文坚等著.
武汉：长江出版社，2024. 11. -- ISBN 978-7-5492-9927-0

Ⅰ. TV14；TV213.4

中国国家版本馆 CIP 数据核字第 20240X7F12 号

湖泊生态清淤效益评估及保护对策研究：以水阳江南漪湖为例

HUPOSHENGTAIQINGYUXIAOYIPINGGUJIBAOHUDUICEYANJIU : YISHUIYANGJIANGNANYIHUWEILI

唐文坚等 著

责任编辑：	郭利娜　张晓璐	
装帧设计：	郑泽芒	
出版发行：	长江出版社	
地　　址：	武汉市江岸区解放大道 1863 号	
邮　　编：	430010	
网　　址：	https://www.cjpress.cn	
电　　话：	027-82926557（总编室）	
	027-82926806（市场营销部）	
经　　销：	各地新华书店	
印　　刷：	武汉市卓源印务有限公司	
规　　格：	787mm×1092mm	
开　　本：	16	
印　　张：	13.5	
字　　数：	320 千字	
版　　次：	2024 年 11 月第 1 版	
印　　次：	2024 年 12 月第 1 次	
书　　号：	ISBN 978-7-5492-9927-0	
定　　价：	98.00 元	